高考、特考、升等考及軍官轉任考試專用參考書

航空氣象學試題與解析

- 應考航空駕駛、飛航機械員、簽派員、飛航管制、航務管理、飛航諮詢等類科
- 附錄　民用航空局航空氣象學題庫範本
　　　　適用於商用駕駛員、民航業運輸駕駛員、
　　　　簽派員、飛航機械員等執照考試

增訂版（BOD九版）

蒲金標　編著

前言

　　航空氣象學屬於應用氣象學之範疇，其主要任務在於保障飛航安全，提高飛航效率。在實務上，著重於利用有利的天氣條件，避開不利的壞天氣，以預防惡劣天氣所造成意外事件的發生，使飛機能順利完成飛行任務。

　　航空氣象與飛航安全關係密切，因此，從事各類航空業務之空勤與地勤人員，如飛行員，簽派員，飛航管制員，乃至航空機械員，均須具備航空氣象知識，在取得職業證書時，必須通過學科考試。又如民航人員參加特種考試或升等考試均需考航空氣象學。考試範圍通常包括影響飛航安全之各項氣象因素，諸如氣壓、溫度、密度、風向、風速、雲霧、降水、能見度，以及顯著危害天氣現象如鋒面、亂流、飛機結冰、雷暴雨引發下爆氣流和低空風切、濃霧所引起的低能見度等，同時還包括機場觀測、預報以及氣象規劃等問題。

　　本書的編撰係因應航空駕駛、飛航機械員、簽派員、飛航管制、航務管理、飛航諮詢等類別考試，編著者蒐集歷年（2001-2016 年）中央暨地方機關公務人員特考、升等考及軍官轉任考試航空氣象學試題。本書分為三大部分，第一部分試題分類係針對歷年試題加以歸類；第二部分試題解析係就歷年試題給予解析；第三部分附錄為民用航空局航空氣象題庫範本（摘自交通部民用航空局 http://www.caa.gov.tw/APFile/big5/download/fsd/（A24）CPL 航空氣象.doc）。期望

I

參閱本書，使考生能把握命題的重點，更精確掌握準備之方向，藉由詳細解析，使考生熟悉解答之技巧，應考時，面對題目，必能迎刃而解。

本次增訂（BOD 九版）內容主要將過去 2000 年以前各類試題刪除，以減少本書篇幅。另外，新增 2013～2016 年每年公務人員高考三級——航空駕駛，以及公務人員民航三等特考——飛航管制、飛航諮詢等試題解析。

筆者於 2008 年退休前後，民用航空局飛航服務總台同仁提供部分資料，使本書更臻完整；台灣大學大氣科學系周仲島教授和林博雄副教授協助解析部分航空氣象試題，均在此表示感謝。本書雖力求正確，但疏漏之處，在所難免，尚祈國內學者專家先進惠賜指教（E-MAIL：pu1947@ms14.hinet.net），以期更加完美。

蒲金標 謹識

2016 年 9 月於台北市和平東路寓所

航空氣象學試題與解析

目錄

第二部份　試題解析

第三部份　附錄

航空氣象試題與解析

第一部份　試題分類

壹、測試方向與範圍

（測試考生航空氣象知識及核心能力）
一、氣象之定義與範疇
二、航空氣象基本要素與特性
三、影響飛行之天氣現象
四、航空氣象電碼

大綱內容
一、氣象之定義與範疇
　　（一）大氣層
　　　　1.大氣組成
　　　　2.標準大氣
　　（二）空氣水平、垂直運動與大氣穩定度
　　（三）地面與高空天氣圖分析
二、航空氣象基本要素與特性
　　（一）氣溫
　　（二）氣壓
　　（三）風
　　（四）濕度與降水
　　（五）雲
三、影響飛行之天氣現象
　　（一）氣團與鋒面
　　（二）大氣亂流與低空風切
　　（三）飛機積冰

貳、氣壓和高度撥定

一、（一）何謂高度表撥定值（altimeter setting）？ P. 159
（二）飛機上所用之高度表，其誤差係由何氣象因素所引起？
（三）試舉兩種常用之高度表撥定之方法並略述之。
（2001 年飛航管制三等特考）

二、以北半球中高緯度為例，說明氣壓分布與風之關係，並說明其原因。 P. 164
（2002 年飛航諮詢四等特考）

三、請定義氣壓高度（pressure altitude）及密度高度（density altitude）。大熱天的時候，密度高度如何變化？對飛航有何影響？ P. 169
（2002 年飛航管制三等特考）

四、航空器必須使用高度計（altimeter）量度飛機所在高度。常用的高度計有三種：氣壓高度計（pressure altimeter）、雷達高度計（radar altimeter）以及全球定位系統（Global Positioning System；GPS）。試分別說明其原理以及所量度之高度的含意。 P. 181
（2003 年航空駕駛高考）

五、（一）請問飛機上的高度表，如何利用氣壓值換算成飛
　　　　　機離地面高度？

　　（二）何謂高度表撥定值（altimeter setting）？

　　（三）為何飛行員在航程中或降落前，必須隨時設法獲
　　　　　得降落機場當時的撥定值？　P. 215

　　　　　　　　（2005 年飛航管制、飛航諮詢民航特考）

六、什麼是高度表撥定值？飛機從暖區飛往冷區時，高度表
　　撥定值會有什麼變化？為什麼？　P. 220

　　　　　　　　　　（2005 年飛航管制簡任升等）

七、氣象站經常利用水銀氣壓計（mercury barometer）量度
　　大氣壓力，但是必須進行一些誤差訂正，才能獲得正確
　　的測站氣壓讀數。試說明最少三種需要訂正的誤差。並
　　說明由測站氣壓換算成海平面氣壓需要進行之高度訂
　　正（altitude correction）的方法。　P. 232

　　　　　　　　（2005 年公務人員高考三級第二試航空駕駛）

八、飛機的高度無法用皮尺來度量，我們如何決定飛機的高
　　度呢？　P. 254

　　（一）請指出需要觀測那些要素？

　　（二）敘述如何計算出飛機的高度來？

　　（三）說明計算公式是依據什麼原理得來？

　　（四）這樣的推演計算之主要誤差來源在那裡？

　　　　　　　　　　（2006 年民航特考飛航管制、飛航諮詢）

九、 溫度和氣壓的分布直接影響飛機飛行途中的氣壓高度
    判斷　P. 267
    （一）說明冷區和暖區的氣壓隨高度之變化特性有何
        差異？為什麼？
    （二）飛機從暖區飛往冷區時，維持在同一氣壓的飛行
        路徑，高度會有什麼變化？利用高度表撥定值時
        要注意什麼？

（2007 年民航特考飛航管制）

十、解釋下列各種飛行高度的涵義：真高度（true altitude），
    指示高度（indicated altitude），修正高度（corrected
    altitude），氣壓高度（pressure altitude），密度高度（density
    altitude）。其中，發生高密度高度（high density altitude）
    天氣狀態時，對於飛航操作有那些危害影響？　P. 373

（2012 年公務人員高考三級航空駕駛）

十一、航空氣象站以水銀氣壓計所測得的氣壓必須依序經過
    那些訂正步驟，才能得到測站氣壓？測站氣壓又和場
    面氣壓有何區別？氣壓又如何換算出高度？　P. 392

（2012 年公務人員民航三等特考飛航管制）

十二、假設有一飛機沿著 700 百帕飛行，請問該飛機飛行高
    度在暖氣團較高，還是冷氣團較高？一般飛機飛行都
    利用壓力高度計沿著等壓面飛行，試說明飛機沿著等

壓面飛行可能遭遇的困難？現在民航飛機都配置無線電（雷達）高度計，理由為何？

（2013 年公務人員特種考試民航人員飛航管制）

十三、說明近地面空層的氣壓梯度力、地球柯氏力與摩擦力三者之間的平衡關係。

（2014 年公務人員高考三級航空駕駛）

十四、傳統上高度表及高度表撥定值是飛行員了解飛機所在高度的重要參考資料，說明高度表撥定值的意義，以及如何利用測站觀測到的氣壓求得高度表撥定值，由高度表撥定值換算出來的高度還會有什麼誤差？

（2014 年民航人員特考飛航管制）

十五、國際民航常採用不同之飛行高度名稱來標示飛航之高度，說明氣壓高度、指示高度、修正高度以及真高度之意義。

（2015 年民航人員特考飛航管制）

十六、飛機飛行高度會受地面氣壓與地面氣溫變化之影響，說明飛機自高壓區飛向低壓區以及自高溫區飛向低溫區，沿固定之等壓面飛行時，實際飛航高度會有什麼變化，說明其原因。

（2015 年公務人員高考三級航空駕駛）

參、氣溫

一、兩個等壓面之間的氣層厚度和氣層溫度之分布有什麼關係？飛機由暖區沿等壓面向冷區飛行時，飛機高度會有什麼變化，為什麼？試討論之。　P. 210

（2004 年航空駕駛高考三級二試）

二、溫度和氣壓的分布直接影響飛機飛行途中的氣壓高度判斷　P. 267

（一）說明冷區和暖區的氣壓隨高度之變化特性有何差異？為什麼？

（二）飛機從暖區飛往冷區時，維持在同一氣壓的飛行路徑，高度會有什麼變化？利用高度表撥定值時要注意什麼？

（2007 年民航特考飛航管制）

三、有許多大氣過程影響某地氣溫的日變化，試說明之。

（2013 年公務人員薦任升官等航空管制）

四、對流層的氣溫垂直分布特徵有那四種類型？它們對於飛行有何影響？

（2014 年公務人員高考三級航空駕駛）

五、地形對空氣的運動影響至鉅，氣流在迎風面會受地形之阻擋作用而發生繞流或爬升現象。當氣流中某一空氣塊

沿著地形爬升，並在某一個高度達到飽和而形成雲，說明此空氣塊的溫度、相對濕度、比濕、露點，以及飽和混合比在飽和前和飽和後之變化。

（2016 年公務人員高考三級航空駕駛）

肆、大氣穩定度

一、大氣穩定度決定大氣是否穩定，一般透過探空氣球獲得溫度和水氣隨高度變化之大氣狀態，可以求取大氣穩定度， 試說明大氣穩定度的定義。 增加大氣不穩定度可以有很多方法，試舉出兩種方法說明之。大氣成雲降雨和不穩定度關係密切，試說明何謂條件性不穩定？何謂對流不穩定度？

（2013 年公務人員特種考試民航人員飛航管制）

伍、風、季風和噴射氣流

一、以北半球中高緯度為例，說明氣壓分布與風之關係，並說明其原因。　P.164

（2002 年飛航諮詢四等特考）

二、何謂噴流（jet stream）？為什麼存在？對於飛航有什麼影響？試討論之。　P.179

（2003 年飛航管制、飛航諮詢民航特考）

三、何謂噴(射氣)流？在飛航安全上有什麼影響？為什麼？試討論之。　P.189

（2003 年飛航管制、飛航諮詢、航務管理簡任升等考）

四、（一）請繪示意圖分別說明高空噴射氣流與 1.初生氣旋低壓系統 2.快速加深中之低壓系統 3.囚錮後之低壓系統之相對位置。　P.216

（二）在前小題示意圖中，並指定晴空亂流最容易出現之位置。

（2005 年飛航管制、飛航諮詢民航特考）

五、台灣位處季風氣候區，試比較說明冬夏季風的天氣特徵以及對飛航之影響。　P.219

（2005 年飛航管制簡任升等）

六、台灣天氣終年受季風影響，夏季為西南季風冬季為東北
　　季風，試說明季風形成的原因，並說明伴隨季風的主要
　　天氣現象特徵。　　P. 236
　　　　　　　　（2005 年公務人員高考三級第二試航空駕駛）

七、從台灣起飛到日本的飛機，經常會碰到高空噴流，甚至
　　遭遇亂流的威脅：　　P. 252
　　（一）說明這高空噴流是否有季節性？詳細解釋之。
　　（二）高空噴流很顯著時，地面天氣圖有什麼特殊的天
　　　　　氣系統？請你解釋說明推測的理由。
　　　　　　　　（2006 年民航特考飛航管制、飛航諮詢）

八、高空噴流（jet stream）的位置、強度和飛航路徑的選擇
　　關係密切，說明：　　P. 265
　　（一）為什麼中緯度的高空噴流一般會出現在對流層
　　　　　附近？
　　（二）為什麼中緯度高空噴流的空間分布在不同經度
　　　　　區會有很大之差異？
　　　　　　　　　　　　（2007 年民航特考飛航管制）

九、試說明高空噴射氣流（Jet Stream）之成因為何？並說明
　　高空噴射氣流與地面低壓系統發展有何相關性？噴射
　　氣流對於飛航有什麼影響？　　P. 285
　　　　　　　　（2008 年公務人員高考三級航空駕駛）

十、何謂噴流（jet stream）？為什麼對流層頂附近的西風噴流在冬季較其他季節為強？試以熱力風的概念討論之。
P. 301

（2008 年民航三等特考飛航管制、飛航諮詢）

十一、台灣的飛航天氣與氣候深受季風（Monsoon）的影響，試回答下列之問題：（一）季風最主要的成因是什麼？全世界有那些主要的季風區？（二）台灣冬季盛行東北季風，伴隨東北季風的氣團是屬性寒冷乾燥的亞洲大陸西伯利亞氣團。說明為何台灣北部地區的冬季在此種氣團籠罩下，卻常是多雲下雨的天氣？（三）台灣的春末夏初主要為西南季風所籠罩，說明西南季風的源區在那裡？此一時期台灣的天氣特徵為何？　P. 307

（2009 年民航三等特考飛航管制）

十二、臺灣梅雨季鋒面前常有西南方向為主的低層強風區稱之為低層噴流，試說明低層噴流的結構以及成因，並且說明低層噴流和豪雨的關係如何？　P. 311

（2009 年公務人員高考三級航空駕駛）

十三、為什麼中緯度地區對流層的西風會隨高度增強？為什麼中緯度的西風噴流會出現在對流層頂附近？說明高空噴流條（Jet Streak）入區和出區附近的垂直運動與天氣特徵。　P. 325

（2010 年公務人員高考三級航空駕駛）

十四、季風和海、陸風是影響台灣不同季節風場變化的主要
　　　天氣系統，請回答下列問題：
　　　（一）說明季風和形成海、陸風的原因。
　　　（二）說明在冬季和夏季季風影響下，台灣的風場變
　　　　　　化特性以及低層噴流可能出現的區域。　P. 329
　　　　　　（2010 年公務人員高考三級航空駕駛）

十五、高空噴射氣流（Jet Stream）系統中，有四處不同強度
　　　的晴空亂流發生區，試說明之。　P. 373
　　　　　　（2012 年公務人員高考三級航空駕駛）

十六、落山風在屏東恆春冬季相當盛行，試說明落山風形成
　　　的原因，以及綜觀環境條件。
　　　　　　（2013 年公務人員薦任升官等航空管制）

十七、民航機的飛行高度一般涵蓋地面到平流層底層的範
　　　圍，比較臺灣北部冬季和夏季，近地表和平流層底
　　　層，大氣組成的主要成分和微量成分、季風特性以及
　　　穩定度的差異。
　　　　　　（2014 年民航人員特考飛航管制）

十八、大氣層中高空噴射氣流之位置與強度是飛行的重要
　　　情資，說明極鋒噴流與副熱帶噴流所在之高度與形成
　　　之原因。
　　　　　　（2014 年民航人員特考飛航管制）

十九、大氣邊界層是人類主要的生活空間，也是飛機起飛降落最主要的範圍，若大尺度之天氣系統不變，等壓線之分布型式固定，則大氣邊界層中的風向、風速隨高度會有什麼變化？並說明其原因。

（2015年民航人員特考飛航管制）

二十、很多機場都位在大陸塊的東西沿岸地區，因此東西兩岸的天氣狀況影響飛安至鉅。比較北美洲大陸 40°N 附近，東西兩岸，冬夏季主要受什麼天氣系統影響，風、溫度以及降水特性有什麼差異？

（2015年民航人員特考飛航管制）

二十一、海風環流影響局部地區天氣甚為顯著，常常和午後雷暴的發生密切關聯，影響飛航安全。試說明海風環流形成的原因以及海風環流的結構特徵為何？

（2015年公務人員薦任升官等航空管制）

陸、颱風

一、試就（一）生成機制與三度空間結構，及（二）對飛航安全之影響，說明溫帶氣旋與熱帶氣旋之異同。 P.159
（2001 年飛航管制三等特考）

二、颱風形成的必要條件為何？從熱帶低壓發展成颱風的機制為何？ P.179
（2003 年飛航管制、飛航諮詢民航特考）

三、熱帶風暴又稱熱帶氣旋，在西北太平洋又稱颱風。每年颱風季節，伴隨颱風之強風豪雨對我國不僅飛航安全甚至整個社會都有很大影響。試說明颱風的基本運動場和降雨場結構特徵？決定颱風移動路徑的原因有那些？當遇到颱風時飛機之避行路徑？ P.185
（2003 年航空駕駛高考）

四、何謂熱帶風暴（tropical storm）和颱風（typhoon）？簡要說明其（一）重要結構特徵，（二）過境台灣時的重要天氣變化特徵，及（三）對飛航安全的影響。 P.201
（2003 年飛航管制、航務管理薦任升等考）

五、台灣地形複雜，試討論颱風侵台時，在迎風面與背風面的天氣差異，以及對飛航安全之影響。 P.219
（2005 年飛航管制簡任升等）

六、簡述颱風的重要結構特徵，說明侵台颱風可能伴隨而影響飛航安全的天氣現象。　P. 227

（2005 年飛航管制、飛航諮詢、航務管理、航空駕駛薦任升等）

七、影響台灣的颱風主要生成區域有那些？其路徑大約可分為幾類？試說明影響颱風路徑的主要因素有那些？
P. 245

（2006 年公務人員高考三級航空駕駛）

八、熱帶氣旋（颱風）和溫帶氣旋發展過程所伴隨之強風豪雨等劇烈天氣，都對飛航安全產生重大影響。試討論比較兩者結構與所處環境之差異以及發展過程能量來源之不同。　P. 308

（2009 年民航三等特考飛航管制）

九、颱風侵襲期間飛航安全深受颱風環流的影響。試說明成熟颱風三度空間風場分布特徵。並說明現階段觀測海洋上颱風之風場有那些方法。　P. 318

（2009 年公務人員薦任升等航空管制）

十、颱風侵台之路徑和風雨分布有密切之關係，舉例說明對桃園機場之飛航服務可能造成重大影響的颱風侵台路徑，以及該颱風伴隨的風雨變化特徵。　P. 333

（2010 年公務人員高考三級航空駕駛）

十一、臺灣每年都遭受許多颱風的影響，造成非常大的災
　　　害，對飛航安全也影響至鉅。中央氣象局在發布颱風
　　　警報時，依據颱風特性提供非常多的資訊。試說明下
　　　列資訊的涵義：
　　　（一）海上颱風警報發布時機
　　　（二）颱風強度的界定
　　　（三）七級風和十級風暴風半徑
　　　（四）颱風路徑的機率預報
　　　（五）解除颱風警報的時機　P. 343
　　　　　　　　　　（2011 年公務人員高考三級航空駕駛）

十二、颱風伴隨有強風和劇烈對流，是影響飛航安全最重要
　　　的天氣系統之一種；試說明西北太平洋地區颱風的運
　　　動特徵，並簡要討論不同路徑之侵台颱風對臺灣天氣
　　　的影響程度。　　P. 355
　　　　　　　　　　（2011 年公務人員薦任升等航空管制）

十三、試闡述影響颱風強度變化的大氣過程，並說明海洋可
　　　能扮演的角色。　P. 36
　　　　　　　　　　（2011 年民航三等特考飛航管制、飛航諮詢）

十四、現階段可以用來輔助決定颱風暴風半徑的方法有那
　　　些？試舉出三種方法並詳細說明之。
　　　　　　　　　　（2013 年公務人員簡任升官等航空駕駛）

十五、試說明全球六大海域有利熱帶氣旋（颱風）生成之環境特徵；影響颱風運動的主要大氣過程有那些？

（2013 年公務人員高等考考三級航空駕駛）

十六、現階段可以用來輔助決定颱風暴風半徑的方法有那些？試舉出三種方法並詳細說明之。

（2013 年公務人員簡任升官等航空駕駛）

十七、試說明颱風的內部結構以及影響颱風強度變化的主要大氣過程。

（2015 年公務人員薦任升官等航空管制）

十八、什麼是間熱帶輻合帶（Intertropical Convergence Zone, ITCZ），說明間熱帶輻合帶的季節變動特性以及對飛航天氣之可能影響。

（2016 年公務人員高考三級航空駕駛）

十九、熱帶氣旋和溫帶氣旋的生成和發展都對飛航天氣有明顯的影響，試以生成和發展環境的水平溫度梯度，是否伴隨鋒面，中心的垂直運動，氣旋的垂直結構，最強風出現之位置以及發展的能量來源等，討論兩者的特性差異。

（2016 年公務人員高考三級航空駕駛）

二十、位於東亞的臺灣、日本和菲律賓，每年夏秋季均常受
　　　颱風影響，而導致相當大的災害並嚴重影響飛安；試
　　　說明颱風的重要結構特徵，此外並說明影響颱風路徑
　　　的重要因素。

　　　（2016 年民航三等特考飛航管制、飛航諮詢）

柒、雲

一、濃霧與低雲幕是危害飛行安全的天氣現象，試說明濃霧
　　與低雲幕的成因以及常伴隨之天氣現象。　P. 224
（2005 年飛航管制、飛航諮詢、航務管理、航空駕駛薦任升等）

二、概述航機在十種雲屬飛行時的雲底高度、雲量、垂直厚
　　度、水平能見度、積冰和亂流等天氣特徵。
　　　　　　　　　　　（2014 年公務人員高考三級航空駕駛）

三、台灣海峽在春季經常有海霧發生，影響離島飛航安全甚
　　巨。試說明海霧發生的原因為何？春天的鋒面也經常帶
　　來以層雲為主的低雲幕天氣，試說明低雲幕層雲天氣的
　　特徵。　P.322
　　　　　　　　　　　（2009 年公務人員薦任升等航空管制）

四、大氣中雲的種類、雲的高度、以及雲量多寡等都會影響
　　飛航路徑設計與安全：
　　（一）試闡述積雲和層雲微結構特徵差異。
　　（二）雷暴主要由積雨雲組成，試說明雷暴的微結構特
　　　　　徵。　P.364
　　　　　（2011 年民航三等特考　飛航管制、飛航諮詢）

五、 積狀雲類與層狀雲類以及所伴隨之對流性降水與層狀
降水都是影響飛行之主要天氣現象，比較兩種雲類及伴
隨降水對水滴大小、穩定度、降水特性、地面能見度及
雷達回波等五種特性上之影響差異。

（2014 年民航人員特考飛航管制）

六、 雲的高度是飛行天氣的重要資訊，說明如何利用探空資
料來估算雲底之高度。

（2015 年公務人員高考三級航空駕駛）

捌、霧

一、請分別說明輻射霧及平流霧形成的原因及預報方法。
P.172

（2002 年飛航管制三等特考）

二、霧常影響飛機起降之安全，機場亦常因濃霧而關閉。就
形成原因而言，霧可分輻射霧和平流霧，試說明輻射霧
和平流霧的特徵和形成原因，並說明兩者對機場運作的
影響。 P.200

（2003 年飛航管制、航務管理 薦任升等考）

三、濃霧與低雲幕是危害飛行安全的天氣現象，試說明濃霧
與低雲幕的成因以及常伴隨之天氣現象。 P.224
（2005 年飛航管制、飛航諮詢、航務管理、航空駕駛薦任升等）

四、試說明霧（fog）的種類以及形成的原因。為了飛航安
全，有些機場採用人工消霧手段，試舉兩個消霧的方法
並說明其原理。 P.241

（2006 年公務人員高考三級航空駕駛）

五、濃霧常嚴重影響飛機的起飛和降落，試比較說明輻射霧、平流霧以及蒸氣霧之特性以及形成原因之差異。 P. 266

（2007 年民航特考飛航管制）

六、台灣海峽在春季經常有海霧發生，影響離島飛航安全甚巨。試說明海霧發生的原因為何？春天的鋒面也經常帶來以層雲為主的低雲幕天氣，試說明低雲幕層雲天氣的特徵。 P. 322

（2009 年公務人員薦任升等航空管制）

七、飛機起飛和降落時需考慮能見度，霧的出現將使能見度明顯降低而可能延遲航機的起飛和降落，試說明霧的成因，並討論可能導致霧形成的機制或過程。 P. 348

（2011 年公務人員薦任升等航空管制）

八、機場遭遇到濃霧天氣經常必須關閉等待天氣好轉，試說明臺灣地區和鄰近海域發生濃霧的地區和季節分布。濃霧的雲微物理結構有何特徵，試說明之。

（2013 年公務人員高考三級航空駕駛）

九、濃霧和低雲幕對於飛航管制飛航安全影響甚鉅，試說明濃霧發生的成因，並說明臺灣地區發生濃霧的季節以及地區。

（2015 年公務人員薦任升官等航空管制）

十、霧常影響飛機起降之安全，機場亦常因濃霧而關閉。就形成原因而言，霧可分輻射霧和平流霧；說明輻射霧和平流霧的重要特徵和形成原因，並說明兩者對機場運作的可能影響情形。

（2016 年民航三等特考飛航管制、飛航諮詢）

玖、能見度

一、水平能見度與垂直能見度在飛機起降有何重要？台灣在什麼天氣或氣象條件下，最易因而妨礙飛機起降，為什麼？試討論之。　P. 212

（2003 年飛航管制、飛航諮詢、航務管理簡任升等考）

二、說明氣象守視觀測員的水平能見度、飛行能見度、近場能見度以及跑道視程等四種能見度的涵義。　P. 376

（2012 年公務人員高考三級航空駕駛）

拾、雷雨

一、（一）何謂下爆氣流（downburst）及小型下爆氣流
　　　　（microburst）？試述其時間及空間尺度及伴隨
　　　　之天氣特徵。　　P. 157

　　（二）試繪簡圖說明飛機穿越下爆氣流時可能遭遇之
　　　　危險。

　　　　　　　　　　　　（2001 年飛航管制三等特考）

二、請說明氣象人員如何由大尺度天氣特徵及探空資料判斷
　　某地是否有雷雨。並請說明雷雨下沖氣流對飛航安全之
　　影響。　　P. 165

　　　　　　　　　　　　（2002 年飛航諮詢四等特考）

三、請問預報人員如何由
　　（一）天氣情況；
　　（二）雷達回波及紅外線衛星雲圖綜合研判可能發生
　　　　下爆氣流（downburst）之地區？　　P. 171
　　　　　　　　　　　　（2002 年飛航管制三等特考）

四、對流形成的條件為何？台灣各地區發生對流的有利條件
　　為何？試分析討論之。　　P. 175
　　　　　　　　　（2003 年飛航管制、飛航諮詢民航特考）

五、何謂雷雨？何謂颮線？對於飛航安全而言，雷雨和颮線為什麼重要？試討論之。　P. 176

（2003年飛航管制、飛航諮詢民航特考）

六、1985年8月在美國達拉斯－沃斯堡機場發生一件民航機降落墜機事件，造成100人喪生。專家們鑑定認為是所謂的微爆流（microburst）現象所導致。試說明微爆流形成的原因和特徵，並說明飛機為何因此失事。　P. 183

（2003年航空駕駛高考）

七、機場有雷雨時，為何不利飛機起降？試討論之。　P. 191

（2003年飛航管制、飛航諮詢、航務管理簡任升等考）

八、雷雨雲系之發展常伴隨陣風鋒面（gust front）、下衝氣流（downdraft）以及低層風切現象，試分別說明雷雨雲發展過程，在積雨雲期、成熟期以及消散期等三個不同階級的氣流結構特徵以及所伴隨之下衝氣流、陣風鋒面以及低層風切現象之特性以及對飛行安全可能影響。P. 207

（2004年航空駕駛高考三級二試）

九、雷雨是影響飛航安全之重要天氣現象，試說明雷雨生命期三個階段（積雲期、成熟期與消散期）之主要結構特徵，以及對飛航安全之影響。　P. 222

（2005年飛航管制簡任升等）

十、試說明雷雨系統常伴隨之陣風鋒面（gust front），下衝
　　氣流（downdraft）以及低空風切等現象的特性以及對飛
　　航安全之影響。　P. 223
（2005 年飛航管制、飛航諮詢、航務管理、航空駕駛薦任升等）

十一、成熟雷暴（thunderstorm）系統三度空間結構有何特徵，
　　　試說明之。並說明對飛航安全的可能影響。　P. 231
　　　　　　（2005 年公務人員高考三級第二試航空駕駛）

十二、雷暴（thunderstorm）在其發展後期經常伴隨外流邊
　　　界（outflow boundary）和陣風鋒面（gust front）等中
　　　尺度天氣現象，有時甚至會形成龍捲（tornado），對
　　　飛航安全產生極大威脅。試分別說明外流邊界和陣風
　　　鋒面的天氣特徵以及對飛行安全可能之影響。　P. 275
　　　　　　　（2007 年公務人員高考三級航空駕駛）

十三、試列舉說明雷雨伴隨有那些惡劣天氣？對飛航安全
　　　的影響為何？　P. 290
　　　　　　　　（2008 年公務人員高考三級航空駕駛）

十四、台灣夏季午後常出現雷陣雨，試討論其發生之大氣環
　　　境條件與其激發機制。　P. 302
　　　　　　　（2008 年民航三等特考飛航管制、飛航諮詢）

十五、雷暴系統發展後期常有中尺度天氣現象「陣風鋒面」
　　　（gust front）發生。試以地面測站觀測以及都卜勒雷
　　　達觀測，說明陣風鋒面的結構特徵。並說明此現象對
　　　飛航安全的影響。　P. 317

（2009 年公務人員薦任升等航空管制）

十六、對流是影響飛航安全的重要因子之一，列舉兩種穩定
　　　度指數之定義，並說明如何利用這兩種穩定度指數判
　　　斷對流的生成與發展。　P. 323

（2010 年公務人員高考三級航空駕駛）

十七、說明雷雨系統發展過程三個階段（即初生期、成熟期
　　　以及消散期）的氣流與雷雨結構特徵，以及對飛航可
　　　能之影響。　P. 326

（2010 年公務人員高考三級航空駕駛）

十八、有一類中尺度對流系統（mesoscale convective system）
　　　稱之為前導對流尾隨層狀降雨颮線（leading convection
　　　and trailing stratiform precipitation squall line），試說
　　　明：此類颮線系統的運動場特徵、降雨場特徵，以及
　　　氣壓場特徵。此類颮線系統對飛航安全的可能影響。
　　　P. 335

（2011 年公務人員高考三級航空駕駛）

十九、龍捲風是地球上最劇烈的天氣系統，其最大風速常可高達 150 公尺每秒（m/sec）以上。美國洛磯山脈東側之中西部（Mid-west）是全世界龍捲風發生最頻繁的地區：龍捲風形成最重要的環境條件之一要有所謂的垂直風切（vertical wind shear），試說明洛磯山脈東側為何龍捲風非常容易發生？

龍捲風經常伴隨雷暴系統一起發生，試說明雷暴系統的結構，並指出何處最有利於龍捲風的發生？　P. 342

（2011 年公務人員高考三級航空駕駛）

二十、產生豪雨的天氣系統常和組織性雷暴天氣有關，有時又稱為劇烈中尺度對流系統。在臺灣春夏交接之際（梅雨季），常有豪雨天氣的發生：

（一）試說明此一時期有利於豪雨天氣發生的綜觀環境條件。

（二）說明中尺度對流系統對飛航安全的可能影響。
P. 363

（2011 年民航三等特考飛航管制、飛航諮詢）

二十一、詳述雷雨引發大氣亂流的垂直氣流、陣風、初陣風等現象。　P. 390

（2012 年民航三等特考飛航管制）

二十二、春季鋒面接近或是夏季午後經常有雷雨系統發生，試問伴隨雷雨系統有那些可能的災害性天氣？

試說明有那些氣象參數可以界定雷雨的強度？
地球大氣最強的雷雨經常伴隨冰雹（hail）和龍捲
（tornado），試說明利於這些超大胞雷雨發生的條
件為何？現階段如何有效監測和預報雷雨天氣？
（2013年公務人員特種考試民航人員飛航管制）

二十三、雷雨是危害飛航安全的天氣現象之一：何謂雷雨？
午後雷雨的時空尺度有什麼特徵？說明鋒面雷雨
天氣的特徵與形成之環境條件。
（2016年公務人員高考三級航空駕駛）

拾壹、風切

一、請分別說明高空風切與低空風切對飛航安全之影響。　P. 165

（2002 年飛航諮詢四等特考）

二、（一）請列舉產生低空風切的天氣因素。

（二）請說明順風切（tail wind shear）、逆風切（head wind shear）及側風切（cross wind shear），並分別討論其對飛機起飛及進場著陸之影響。　P. 169

（2002 年飛航管制三等特考）

三、簡答題　P. 195

（一）以北半球中緯度為例，圖示並說明風場與高空天氣圖上等高線的關係。

（二）簡要說明高度表指示高度（Indicated Altitude）的意義，及其與實際高度的差異。

（三）何謂低空風切？簡述其對飛航安全的影響。

（四）何謂下爆流（downburst）？簡述其成因及對飛航安全的影響。

（2003 年飛航管制、航務管理薦任升等考）

四、飛機起降對低空風切非常敏感，試舉例（最少兩個例子）說明探測大氣低空風切的方法與原理。

（2013 年公務人員簡任升官等航空駕駛）

拾貳、亂流

一、（一）何謂晴空亂流（clear air turbulence）？　P. 161

（二）試繪圖並說明有利於出現強烈晴空亂流之綜觀
幅度天氣圖模式。圖中並請註明易出現亂流之
區域。

（2001 年飛航管制三等特考）

二、晴空亂流是飛行安全一大威脅，試解釋什麼是晴空亂
流？試討論晴空亂流生成的原因以及易伴隨出現晴空
亂流的天氣條件。除了晴空亂流，大氣層中還可能出
現那些亂流？這些亂流經常伴隨那種天氣條件出現？
P. 209

（2004 年航空駕駛高考三級二試）

三、晴空亂流是飛行安全的一大威脅，試解釋什麼是晴空亂
流？討論晴空亂流形成的原因以及易伴隨出現之天氣
條件？　P. 222

（2005 年飛航管制簡任升等）

四、晴空亂流是飛航安全的一大殺手，試以理察遜數
（Richardson Number）說明晴空亂流發生之環境條件。
P. 310

（2009 年民航三等特考飛航管制）

五、試說明影響空氣垂直上下運動的天氣過程有那些？試
說明在溫帶氣旋中最有利於上升運動之區域。　P. 312

（2009 年公務人員高考三級航空駕駛）

六、晴空亂流（CAT）常影響飛行安全，而晴空亂流常出現
於噴流區附近；試說明何以中緯度地區之高空常存在有
西風噴流，說明中須包含此西風噴流及其伴隨的大氣垂
直結構特徵，此外並討論此西風噴流之季節變化特性。
P. 352

（2011 年公務人員薦任升等航空管制）

七、高空噴射氣流（Jet Stream）系統中，有四處不同強度的
晴空亂流發生區，試說明之。　P. 373

（2012 年公務人員高考三級航空駕駛）

八、根據美國聯邦航空總署（FAA）以及美國國家海洋大氣
總署（NOAA）的規範，如何界定高空與低空亂流？低
空亂流有哪七種？高空亂流又有哪四種？　P. 391

（2012 年民航三等特考飛航管制）

九、大氣亂流是危害飛航安全的主要大氣現象之一，說明
大氣亂流形成的主要原因？在什麼條件下會出現晴空
亂流？

（2014 年民航人員特考飛航管制）

十、大氣亂流（Atmospheric Turbulence）是影響飛航安全的小尺度天氣現象。大氣亂流可分為熱力亂流與風切亂流兩種，試以理查遜數（Richardson Number）說明晴空亂流之特徵，以及發生之條件。

（2015年民航人員特考飛航管制）

十一、有些中尺度劇烈對流系統會伴隨下爆流（Downburst）；說明形成下爆流之重要環境條件及原因，並說明其對飛航安全的影響。

（2016年民航三等特考飛航管制、飛航諮詢）

拾參、積冰

一、試說明飛機積冰最基本的天氣條件有那些？其天氣類型為何？　P. 287

（2008 年公務人員高考三級航空駕駛）

二、試說明凍雨（freezing rain）和冰珠（ice pellets）兩者的差異，並說明兩者和飛機積冰的關係。　P. 312

（2009 年公務人員高考三級航空駕駛）

三、大氣積冰（atmospheric icing）對於飛機而言是個非常危險的天氣過程，試說明發生積冰的大氣條件為何？並說明防止積冰或是去積冰的方法。　P. 320

（2009 年公務人員薦任升等航空管制）

四、飛機積冰是個飛航上的頭疼問題，試問：飛機積冰的成因？為何當氣溫為 0～-10℃ 時，積冰對飛機性能影響最嚴重？飛機積冰產生的問題和積冰位置有關，試說明之。

（2013 年公務人員特種考試民航人員飛航管制）

五、說明容易造成飛機積冰的各種天氣類型。

（2014 年公務人員高考三級航空駕駛）

拾肆、鋒面

一、請扼要說明地面天氣圖及高空天氣圖各提供那些重要
天氣資訊?並說明氣象人員如何在天氣圖上表示暖
鋒、冷鋒及囚錮鋒。 P.163

（2002年飛航諮詢四等特考）

二、鋒面系統接近經常發生低雲幕天氣,對於飛航安全影響
甚劇。試說明當冬季冷鋒過境雲幕變化情形。當梅雨季
時又如何?試說明其相異之處。 P.184

（2003年航空駕駛高考）

三、台灣冬季冷鋒過境,對飛機起降可能造成的影響為何?
為什麼?試討論之。 P.192

（2003年飛航管制、飛航諮詢、航務管理簡任升等考）

四、鋒面是影響飛行安全之重要天氣現象之一,說明鋒面之
種類與特性,以及鋒面天氣對飛行安全可能造成之影
響。 P.227

（2005年飛航管制、飛航諮詢、航務管理、航空駕駛薦任升等）

五、鋒面接近時經常有低雲幕天氣發生,影響飛航安全。試
說明鋒面的種類以及相伴隨的天氣現象,並說明鋒面如
何影響飛行安全。 P.233

（2005年公務人員高考三級第二試航空駕駛）

六、鋒面來臨前後，天氣有相當的改變： P. 258

　（一）請以釋意圖解釋上爬冷鋒與下滑冷鋒，並比較這兩種鋒面過境前後，天氣與天空雲狀的變化有何不同？

　（二）比較梅雨鋒與寒潮冷鋒結構上的差異，並說明兩者造成飛航安全威脅有何不同？

　　　　　　（2006 年民航特考飛航管制、飛航諮詢）

七、試說明鋒面過境時，有那些天氣現象對飛航安全可能造成影響？

　　　　　　（2013 年公務人員簡任升官等航空駕駛）

八、鋒面帶附近天氣變化劇烈，導致鋒面形成的大氣過程有絕熱和非絕熱過程，試分別說明之。

　　　　　　（2013 年公務人員薦任升官等航空管制）

九、何謂鋒生（frontogenesis）？為什麼會有鋒生？試以氣團與氣流變形場的概念討論之。 P. 299

　　　　　　（2008 年民航三等特考飛航管制、飛航諮詢）

十、以地面測站觀測以及都卜勒雷達觀測，說明陣風鋒面的結構特徵。並說明此現象對飛航安全的影響。 P. 341

　　　　　　（2011 年公務人員高考三級航空駕駛）

十一、試說明鋒面過境時，有那些天氣現象對飛航安全可能造成影響？

（2013 年公務人員簡任升官等航空駕駛）

十二、何謂鋒面（front）？有那三大類型鋒面系統？說明飛行穿越鋒面時有那些不連續的物理特徵？

（2014 年公務人員高考三級航空駕駛）

十三、冷鋒是影響飛航安全的重要天氣現象之一，飛機在冷鋒雲下飛行穿越冷鋒時，飛行高度應如何調整以因應上升、下降氣流之影響？又如何避免在冷鋒中飛行時之積冰問題？

（2015 年民航人員特考飛航管制）

十四、冷鋒是影響飛航安全之重要天氣系統，冷鋒可分為急移（下滑）冷鋒與緩移（上爬）冷鋒，比較說明這兩種冷鋒以及伴隨天氣之特性。

（2015 年公務人員高考三級航空駕駛）

拾伍、觀測與預報

一、說明顯著天氣圖（SIGWX）上所呈現的主要內容以及閱讀時應注意的地方。　P. 206

　　　　　（2003 年飛航管制、航務管理薦任升等考）

二、天氣惡劣時，可能飛機無法起飛，必須關閉機場：　P. 247

　　（一）試寫出三種可能造成機場關閉的惡劣天氣。

　　（二）分別說明這三種天氣發生前，要如何分析氣象的要素，來預測或警告，已提醒飛航人員注意。

　　　　　（2006 年民航特考飛航管制、飛航諮詢）

三、機場都卜勒天氣雷達（Terminal Doppler Weather Radar, TDWR）的發明，對於劇烈雷暴天氣的偵測提供了非常有用的工具。試說明：

　　（一）都卜勒雷達觀測原理為何？

　　（二）都卜勒雷達所提供之資料內容為何？

　　（三）都卜勒雷達如何偵測對飛航安全極具威脅性的微爆流（microburst）？　P. 239

　　　　　（2006 年公務人員高考三級航空駕駛）

四、數值天氣預報（numerical weather prediction）產品在飛航安全的判讀分析扮演愈來愈重要角色，試說明數值天氣預報的原理為何？並試舉兩個例子，說明其在飛航安全上之應用。　P. 273

　　　　　（2007 年公務人員高考三級航空駕駛）

五、為了有效偵測機場周遭飛航安全,在機場內設置都卜勒
　　天氣雷達進行觀測作業已經相當普遍。試說明: P. 277
　　(一)都卜勒雷達所觀測之回波強度和降雨的關係為
　　　　　何?試說明其特性。
　　(二)都卜勒雷達所觀測之都卜勒速度和都卜勒譜有
　　　　　何特性?如何應用在飛航安全之研判分析?
　　　　　　　　　　(2007 年公務人員高考三級航空駕駛)

六、民用航空局航空氣象服務網站能提供台北飛航情報區
　　(一)衛星雲圖
　　(二)雷達回波圖
　　(三)地面天氣分析圖
　　(四)顯著危害天氣預測圖
　　請扼要說明該四種圖中有那些重要天氣資訊與飛行有
　　密切關係?飛行時如何善加利用該等資訊? P. 331
　　　　　　　　　　(2008 年公務人員高考三級航空駕駛)

七、都卜勒氣象雷達是機場天氣觀測之重要儀器 P. 269
　　(一)說明都卜勒速度的意義。
　　(二)說明龍捲風在都卜勒速度場以及回波場會出現
　　　　　什麼特徵?
　　(三)輻合區的都卜勒速度場會出現什麼特徵?
　　　　　　　　　　(2007 年民航特考飛航管制)

八、（一）利用無線電探空資料，對飛航天氣分析有很大
之幫助，假設一空氣塊在平原近地面處的溫度為
25°C，露點溫度為 21°C，風吹向山區將空氣塊
由地面抬升至 3500 公尺高的山頂，令未飽和空
氣塊的垂直降溫率為 10°C/km，飽和後空氣塊的
垂直降溫率為 6°C/km，未飽和空氣塊露點溫度
的垂直降溫率為 2°C/km。請問：空氣塊被抬升
後，會在那一個高度處開始有雲的形成？此時空
氣塊溫度與露點溫度各為多少？

（二）當空氣塊繼續被抬升至山頂處，此時空氣塊的溫
度及露點溫度各為多少？

（三）為何氣塊飽和後的垂直降溫率會小於飽和前的
垂直降溫率？

（四）如果此空氣塊在迎風面因飽和凝結而降雨，並從
山頂直接過山，當此空氣塊過山到達平原近地面
處時的溫度為多少？以此例說明焚風的現象。
P. 305

（2009 年民航三等特考飛航管制）

九、臺灣雖然不是聯合國世界氣象組織的成員，但是氣象作
業單位仍然依照世界氣象組織各國的共識，每天上午八
點和晚上八點（地方時）各釋放氣象高空氣球一顆，探
測大氣層的氣壓、溫度、濕度以及風場。試說明：

（一）探空氣球風場探測的基本原理。

（二）如何利用探空資料估計大氣穩定度。

（三）大氣穩定度和雲（clouds）的關係。　P. 337

（2011 年公務人員高等三級航空駕駛）

十、國內第一座都卜勒氣象雷達為交通部民用航空局所建置，試說明都卜勒氣象雷達和傳統氣象雷達所能觀測的氣象要素之異同，並說明都卜勒氣象雷達觀測資料在飛行安全上的重要應用。　P. 347

（2011 年公務人員薦任升等航空管制）

十一、詳細說明下圖有關天氣「預報準確度-時間」的涵義。又根據美國第一代網際網路飛航天氣服務網（Flight Advisory Weather Service, FAWS）對於航空天氣預報準確性之評價，那些天氣之預測準確性仍無法滿足現今航空操作的需求？　P. 371

（2012 年公務人員高考三級航空駕駛）

十二、試說明進行不同時段（例如極短期、短期和展期）天氣預報所使用的方法（資訊）有那些差異？現階段提升天氣預報準確度的瓶頸是什麼？

（2013 年公務人員高考三級航空駕駛）

十三、臺灣山區天氣多變化，氣流接近地形產生很多變化。試舉三個例子，說明臺灣地形如何影響局地天氣。

（2013 年公務人員薦任升官等航空管制）

十四、近年來有許多機場已經將傳統都卜勒天氣雷達（Doppler

radar）升級為雙偏極化雷達（Polarimetric radar），對於飛航安全管制作業有非常大的幫助。試說明雙偏極化雷達和都卜勒雷達在探測原理上的差異以及對劇烈天氣監測與預報的助益。

（2015 年公務人員薦任升官等航空管制）

十五、氣象雷達是偵測降水天氣系統的重要工具，說明氣象雷達如何偵測雷雨和颮線系統中之對流降水與層狀降水。

（2015 年公務人員高考三級航空駕駛）

十六、說明極區渦旋（Polar Vortex）形成之原因以及其對飛航之影響。P.

（2015 年公務人員高考三級航空駕駛）

十七、都卜勒雷達是監測飛航天氣重要之工具，說明雷達監測對流系統時，如何得知對流系統與雷達之距離，以及前方對流系統中可能有中尺度渦旋。

（2016 年公務人員高考三級航空駕駛）

拾陸、電碼

一、航空氣象常見的 METAR, SPECI, TAF, SIGMET 等四種
　　氣象電碼，試說明其涵義與發布時機。　　P. 378

　　　　　　　　　（2012 年公務人員高考三級航空駕駛）

二、航空氣象台發佈「特別天氣觀測報告（SPECI）」是指：
　　（一）地面風、（二）水平能見度、（三）跑道視程、（四）
　　天氣現象、（五）雲等五項天氣因子各發生哪些變化？
　　具體一一說明之。　　P. 387

　　　　　　　　　　（2012 年民航三等特考飛航管制）

拾柒、簡答題與解釋名詞

一、試就（一）生成機制與三度空間結構，及（二）對飛航安全之影響，說明溫帶氣旋與熱帶氣旋之異同。 P.159

（2001 年飛航管制三等特考）

二、簡答題 P.195

（1） 以北半球中緯度為例，圖示並說明風場與高空天氣圖上等高線的關係。

（2） 簡要說明高度表指示高度（Indicated Altitude）的意義，及其與實際高度的差異。

（3） 何謂低空風切？簡述其對飛航安全的影響。

（4） 何謂下爆流（downburst）？簡述其成因及對飛航安全的影響。

（2003 年飛航管制、航務管理薦任升等考）

三、地面與高空天氣圖、衛星雲圖以及氣象雷達的回波分布圖、速度分布圖等，都可以用來幫助分析飛航的天氣特性，試比較這幾種圖所提供資訊之特性，並說明航空駕駛如何應用這些資訊？ P.207

（2004 年航空駕駛高考三級二試）

四、已知某地之探空資料，請問如何決定當地之大氣穩定度？並請說明： P.211

（一）絕對穩定（absolute stability）

（二）絕對不穩定（absolute instability）

（三）條件性不穩定（conditional instability）。

（2005年飛航管制、飛航諮詢民航特考）

五、解釋下列名詞： P. 213

（一）冷鋒（cold front）

（二）梅雨鋒（Mei-Yu front）

（三）不穩定線（instability line）

（四）颮線（squall line）

（五）乾線（dry line）

（2005年民航特考飛航管制、飛航諮詢試題）

六、簡答題： P. 242

（一）條件性不穩定大氣（conditional unstable atmosphere）

（二）過冷水滴（super cool liquid water）

（三）颮線（squall line）

（四）折射指數（refractive index）

（五）晴空亂流（clear air turbulence）

（六）囚錮鋒（occluded front）

（2006年公務人員高考三級航空駕駛）

七、台灣地形複雜，在不同的季節天氣變化顯著。試舉兩種天氣狀況為例，說明台灣地形對於局部地區天氣的影響，並說明飛行時所應該注意事項。 P. 278

（2007年公務人員高考三級航空駕駛）

八、簡答題：

（一）颱風之七級風暴風半徑

（二）中尺度對流系統（mesoscale convective system）

（三）微爆流（microburst）

（四）輻射霧（radiation fog）　　P.280

（2007 年公務人員高考三級航空駕駛）

九、何謂溫帶氣旋？其發展生命史為何？試以挪威學派的概念模式討論之。　　P.300

（2008 年民航三等特考飛航管制、飛航諮詢）

十、簡答題

（一）有利颱風發展的環境條件有那些？

（二）淞冰（rime ice）

（三）外流邊界（outflow boundary）

（四）相當回波因子（equivalent reflectivity factor）

（五）牆雲（wall cloud）　　P.313

（2009 年公務人員高考三級航空駕駛）

十一、複雜地形是許多局部且變化多端天氣現象形成的原因，對於山區飛航造成重大威脅。試說明：

（一）地形如何影響氣流分布。（二）地形如何影響降雨的分布。　　P.367

（2011 年民航三等特考飛航管制、飛航諮詢）

十二、說明北半球夏季間熱帶輻合帶（ITCZ）大氣環流特點
　　　與飛航天氣的關連。　　P.389

（2012 年民航三等特考飛航管制）

十三、名詞解釋：

　　　非靜力平衡大氣（non-hydrostatic atmosphere）

　　　海平面氣壓（sea level pressure）

　　　地轉平衡（geostrophic balance）

　　　溫度直減率（temperature lapse rate）

　　　條件性不穩定大氣（conditional unstable atmosphere）

　　　絕熱過程（adiabatic process）

　　　過冷水滴（supercooled water droplet）

　　　鋒生過程（frontogenetic processes）

　　　羅士比波（Rossby wave）

　　　雨滴譜（raindrop size distribution）

（2013 年公務人員高考三級航空駕駛）

十四、名詞解釋：

　　　溫室氣體（greenhouse gases）

　　　地表能量平衡（surface energy balance）

　　　變形場（deformation field）

　　　條件性不穩定度（conditional instability）

　　　下爆氣流（downburst）

　　　山岳波（mountain）

（2013 年公務人員簡任升官等航空駕駛）

十五、請回答下列各題：

（一）說明對流層之特性及對流層中溫度和水汽之垂直變化情形。

（二）說明高空天氣圖上等高線與風場的關係。

（三）說明何謂潛在不穩定及其重要性。說明形成晴空亂流（Clear Air Turbulence, CAT）的最主要原因。

（2016 年民航三等特考飛航管制、飛航諮詢）

航空氣象試題與解析

第二部份　試題解析

2001 年公務人員特種考試民航人員
考試試題

等　別：三等考試

類　別：飛航管制

科　目：航空氣象學

考試時間：二小時

一、（一）何謂下爆氣流（downburst）及小型下爆氣
　　　　　流（microburst）？試述其時間及空間尺度
　　　　　及伴隨之天氣特徵。

　　（二）試繪簡圖說明飛機穿越下爆氣流時可能遭
　　　　　遇之危險。

解析

　　（一）下爆氣流（downburst）及小型下爆流（Microburst）
是一種在氣團、多胞雷雨（Multi- cell thunderstorm）、或超
大胞雷雨（super-cell thunderstorm）中都可能發生的小尺度
天氣現象。由於小型下爆氣流之下降氣流會引起很強的低空
風切，因其尺度很小且威力強大，對飛機危害至大。

　　小型下爆氣流係水平尺度小於 4 公里的下爆氣流
（downburst）。所謂下爆流是指由雷雨所產生的強烈局部性

下降運動，下爆氣流依照大小區分成兩類：水平尺度超過 4 公里的稱為巨爆流（macroburst），小於 4 公里的則稱為小型下爆氣流或稱微爆流。

由於微爆流發生的時間及空間尺度一般來說都相當的小，時間尺度上通常一個個案從發生到結束只有數分鐘到數十分鐘，而空間尺度也只有數公里而已，因此，在現階段使用數值模式來預報的可能性很小。目前較可行的方式是加強觀測系統，由觀測資料的分析中研判機場附近是否會有微爆流或低空風切的發生，以便及早提出警告供相關人員採取因應措施。

（二）試繪簡圖說明飛機穿越下爆氣流時可能遭遇之危險。

雷雨或微爆氣流（Micro-burst）發生時，其內部會有強烈的小尺度下衝氣流到達地面，且在地面造成圓柱狀水平方向的輻散氣流。飛機穿越此種氣流時會遭遇危險的逆風到順風的低空風速轉變帶，該風速轉變帶則被稱為低空風切。

當飛機飛進下衝氣流地面輻散場時，會先遇到頂頭之氣流，飛機空速相對增加，機翼浮揚力增加，此時駕駛員的瞬間反應是押機頭、關小引擎及修正回原來進場角度。待飛機過了下衝氣流中心線，隨即遭遇從機尾來的強順風，於是機上空速表急遽下降，機翼浮力不足，飛機因而失速下墜；惟此時已在進場最後階段，其高度無法使駕駛員與飛機有充分的時間反映，因而無法重飛，導致失速墜毀，下爆氣流與飛機進場下降航跡圖，如下圖。

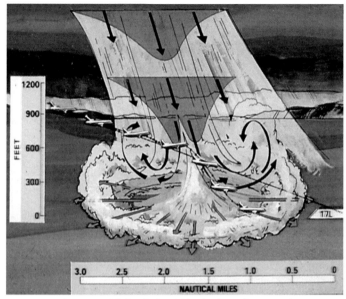

圖 1　下爆氣流與飛機進場下降航跡圖

二、試就（一）生成機制與三度空間結構，及（二）對
　　飛航安全之影響，說明溫帶氣旋與熱帶氣旋之異同。

解析

　　請參閱（2008 年民航三等航空特考管制、諮詢，
　　2009 年民航三等特考飛航管制）

三、（一）何謂高度表撥定值（altimeter setting）？
　　（二）飛機上所用之高度表，其誤差係由何氣象因
　　　　　素所引起？

（三）試舉兩種常用之高度表撥定之方法並略述之。

解析

（一）高度表撥定值（altimeter setting）：高度表撥定值為一氣壓值，它乃按標準大氣之假設，將測站氣壓訂正至海平面而得者，或訂正至機場高度而得者。高度表經正確撥定後，其所示高度就是相當於標準大氣狀況下氣壓所換算出的高度，海平面 3 公尺高之氣壓（高度表撥定值）當做高度表零點高度上的氣壓值。

（二）飛機上所用之高度表，其誤差係由何氣象因素所引起？

飛機上所用之高度表，其誤差係由地面氣壓和溫度變化所造成的。

任何一地受地面天氣系統的影響，每日每小時的氣壓和溫度隨時有變化，不同地區之間氣壓和溫度的差異更大。因此，造成高度表有很大的誤差，必須以當地當時實際的高度表撥定值加以撥定，才能知道飛機實際的飛行高度。

（三）試舉兩種常用之高度表撥定之方法並略述之。

按高度表撥定程序之規定：

a. 凡飛行在海平面高度約 11,000 呎（3330 公尺）

以下，使用當地當時實際的高度撥定值。

b. 飛行在離海平面高度約 13,000 呎（3940 公尺）以上。

c. 使用標準大氣氣壓 1013.25hPa 為高度撥定值。

四、（一）何謂晴空亂流（clear air turbulence）？

（二）試繪圖並說明有利於出現強烈晴空亂流之綜觀幅度天氣圖模式。圖中並請註明易出現亂流之區域。

解析

（一）晴空亂流（clear air turbulence）：請參閱（2016年民航特考管制和諮詢）

（二）試繪圖並說明有利於出現強烈晴空亂流之綜觀幅度天氣圖模式。圖中並請註明易出現亂流之區域。

在綜觀幅度天氣圖中，以高空氣流匯流（confluent）與分流（difluent）之處，最有利於出現晴空亂流，如在配合地面天氣圖之鋒面系統，則更會更加強晴空亂流之強度，高空綜觀天氣圖氣流匯流和分流與晴空亂流發生區域圖（如圖 1）。在噴射氣流脊發生晴空亂流之機率大於噴射氣流槽，尤其在槽前有地面天氣圖之低壓系統與鋒面生成或加強時，在低壓系統東北方與晴空亂流脊之間，發生晴空亂流之機率更為增大，高空綜觀天氣圖噴射氣流脊和地面天氣圖低壓系統配置與晴空亂流發生區域圖（如圖 2）。在兩晴空亂流軸匯流且相距寬度小於 5 個緯度時，發生晴空亂流之機率也很大，高空綜觀天氣圖兩噴射氣流合流之間與晴空亂流發生區域圖（如圖 3）。

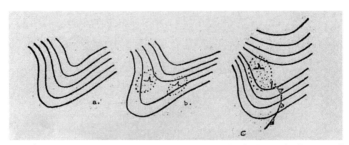

圖 1　高空綜觀天氣圖氣流匯流和分流與晴空亂流發生區域圖

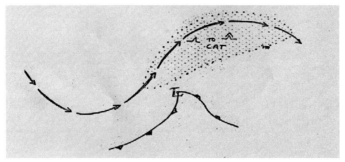

圖 2　高空綜觀天氣圖噴射氣流脊和地面天氣圖低壓系統配置與晴空亂流發生區域圖

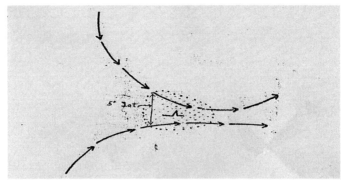

圖 3　高空綜觀天氣圖兩噴射氣流合流之間與晴空亂流發生區域圖

2002 年公務人員特種考試民航人員

考試試題（四等考試）

等　別：四等考試

類　別：飛航諮詢

科　目：航空氣象學概要

一、請扼要說明地面天氣圖及高空天氣圖各提供那些
　　重要天氣資訊？並說明氣象人員如何在天氣圖上
　　表示暖鋒、冷鋒及囚錮鋒。

解析

　　地面天氣圖上可提供各測站天氣資料，包括天空遮蔽總
量、風向與風速、能見度、現在天氣、過去天氣、氣壓、溫
度與露點、低雲量、低雲雲類、中雲雲類、高雲雲類、低雲
雲高、氣壓趨勢與氣壓變量、降水量、最低雲類、最低雲類
之量以及最低雲類之高度。地面天氣圖經氣象人員或電腦分
析之後，可知道高壓、低壓、冷鋒、暖鋒、滯留鋒、囚錮鋒、
等壓線和溫度線之分布、地面氣團之標示、各種顯著危害天
氣之標示，例如，降水區、霧區、塵暴或沙暴及吹沙區、陣
雨或陣雪及吹雪、雷雨或閃電或冰雹或凍雨或漏斗狀雲。以
及出現熱帶低壓或颱風或熱帶風暴等等資訊。

　　高空天氣圖可提供各高空等壓面上重要天氣資訊，包括各測站等壓面高度、等高線、等溫線、等風速線、高空風向與風速、溫度與結冰高度；高壓與低壓、氣旋與反氣旋、低壓槽與高壓脊之分布、噴射氣流。

　　氣象人員在地面天氣圖上以紅色線標示暖鋒，如用粗黑線，須附加若干黑色小半圓形於暖鋒線上，小半圓形之彎曲部分所指方向，即為暖鋒進行之方向。藍色線標示冷鋒，如用粗黑線，須附加若干黑色小三角形於冷鋒線上，黑色三角形尖端所指方向，即為冷鋒之進行方向。以紫色線段標示囚錮鋒，如用粗黑線，須附加若干相間之黑色小三角形及小半圓形於粗線上，惟此時小三角形及小半圓形均係同在粗線之一側，即表示囚錮鋒移動之方向。以紅、藍色段線相間標示滯留鋒，如用粗黑線，須附加若干相間之黑色小三角形及小半圓形於粗線兩邊上，小三角形在暖區一邊，小半圓形在冷區一邊。

二、以北半球中高緯度為例，說明氣壓分布與風之關係，並說明其原因。

解析

　　北半球 30°附近副熱帶高氣壓區，空氣下沉，地面氣壓升高，地面副熱帶高壓區，南邊空氣和北邊空氣分向赤道及北極方向吹，由於地球偏向力作用（科氏力 Coriolis force），吹向赤道者向右偏，成為東北信風（NE trade winds）。其吹向北極方向者亦向右偏，成為盛行西風（prevailing westerlies），

氣壓系統及天氣變化均自西向東移動。

　　在北極地區，沉重而濃密之空氣，自半永久的極地高壓帶（polar high）向緯度較低之南方流動，偏向而成極地東風（polar easterlies）。此來自極地之東北風與來自中緯度之西南風溫度差別很大，因此產生出半永久性之極鋒（polar front），亦即移動性風暴帶。其產生地帶大概在北緯 60°附近，幾乎終年存在，冬季位置略向南移。沿極鋒地區，氣流上升，天氣多變，常有陰雨。

　　上述乃理論上之北半球中高緯度之大氣環流概況以及氣壓分布與風之關係，但受地表海陸分布和地形影響，實際上略有變化。然在海洋上及高空氣流與理想情況相近，又極鋒之存在及其移動狀態亦距事實相去不遠。

三、請分別說明高空風切與低空風切對飛航安全之影響。

解析
　　高空風切造成高空亂流之主因以及低空風切造成低空亂流之主因。
　　請參閱（2012 年民航三等特考飛航管制）

四、請說明氣象人員如何由大尺度天氣特徵及探空資料判斷某地是否有雷雨。並請說明雷雨下沖氣流對飛航安全之影響。

解析

雷雨之基本條件為空氣不穩定，所以氣象人員可根據某地探空資料為不穩定空氣和空氣中含有豐富的水汽，以及大尺度天氣特徵有鋒面或地形之抬舉作用，或地面受熱，氣團上升，就可判斷某地會有雷雨發生。

1. 不穩定空氣

雷雨之形成，空氣至少要是條件不穩定，空氣受地形或鋒面之抬升，使該空氣變成絕對不穩定時，至其溫度高於周圍空氣溫度之某一高度，該高度稱為自由對流高度（level of free convection），自該高度起暖空氣繼續自由浮升，直至其溫度低於周圍溫度之高度為止。

2. 抬舉作用

地面上暖空氣因外力抬舉至自由對流高度，過此高度後，立即繼續自由浮升，構成抬舉作用之原因有四：鋒面抬舉、地形抬舉以及下層受熱抬舉和空氣自兩方面輻合而產生垂直運動之抬舉。

3. 空氣中含有豐富的水汽

暖空氣被迫抬升，含有之水汽凝結成雲，暖空氣中含水汽愈豐富，愈易升達自由對流高度，產生積雨雲與雷雨之機會愈大。

雷雨有下沖氣流（Downburst）發生時，其內部會有強烈的小尺度下衝氣流到達地面，且在地面造成圓柱狀水平方向的輻散氣流。航空器穿越此種氣流時會遭遇危險的逆風到順風的低空風速轉變帶，該風速轉變帶則被稱為低空風切。

　　當飛機飛進下衝氣流地面輻散場時，會先遇到頂風氣流，飛機空速相對增加，機翼浮揚力增強，此時駕駛員的瞬間反應是押機頭、關小引擎及修正回原來進場角度。待飛機過了下衝氣流中心線，隨即遭遇從機尾來的強順風，於是機上空速表急遽下降，機翼浮力不足，飛機因而失速下墜；惟此時已在進場最後階段，其高度無法使駕駛員與飛機有充分的時間反映，因而無法重飛，導致失速墜毀。

2002 年公務人員特種考試民航人員

考試試題（三等考試）

等　　級：三等考試

類　　別：飛航管制

科　　目：航空氣象學

考試時間：二小時

一、請定義氣壓高度（pressure altitude）及密度高度（density altitude）。大熱天的時候，密度高度如何變化？對飛航有何影響？

解析

　　請參閱（2012 年高考三等航空駕駛）

二、（一）請列舉產生低空風切的天氣因素。

　　　（二）請說明順風切（tail wind shear）、逆風切（head wind shear）及側風切（cross wind shear），並分別討論其對飛機起飛及進場著陸之影響。

解析

（一）請列舉產生低空風切的天氣因素。

依產生低空風切原因而言，風切主要分動力風切（dynamic wind shear）與熱力風切（thermal wind shear）兩種。動力風切又分為水平風切（horizontal wind shear）與垂直風切（vertical wind shear），其中水平風切再分為異向氣流之水平風切與同向氣流但速度不同之水平風切。同理，垂直風切可再分為異向氣流之垂直風切與同向氣流但速度不同之垂直風切。至於熱力風切則係顯著不同溫度（逆溫層）之兩層中間混合帶所產生之渦動，在無風或微風知晴朗夜晚，靠近地面之處容易形成逆溫層。夜間地面輻射冷卻，致使接近地面約幾百呎厚之空氣形成冷靜狀態，其上方為風速較強之暖空氣，風切帶就會在下方靜風與其上方較強風之間發展，航機起降穿過逆溫層之風切帶時，就會遭遇到相當嚴重之亂流。

促使低空風切發生之天氣或地形因素，計有雷雨低空風切、鋒面低空風切、山岳波低空滾轉風切、地面障礙物影響之風切、低空噴射氣流之風切、逆溫層低空風切以及海陸風交替風切等七種。

（二）請說明順風切（tail wind shear）、逆風切（head wind shear）及側風切（cross wind shear），並分別討論其對飛機起飛及進場著陸之影響。

順風風切（tailwind shear）：係順風分速突然增加或逆風分速突然減少，使飛機之指示空速減少而致其下沉。飛機起飛時，遇到順風風切，飛機之指示空速減少而致其下沉，

使飛機爬升慢，無法順利起飛或爬升高度不夠，有撞山的可能。飛機進場著陸時，遇到順風風切，飛機之指示空速減少而致其下沉，使飛機浮力突減，無法順利在跑道降落區降落而撞毀。

逆風風切（head wind shear）：係逆風分速突然增加或順風分速突然減少，使飛機之指示空速增加而提升其高度。飛機起飛時，遇到逆風風切，飛機之指示空速增加而提升其高度，使飛機爬升太快。飛機進場著陸時，遇到逆風風切，飛機之指示空速增加而提升其高度，使飛機浮力突增，飛機超過跑道降落區降落而可能造成衝出跑道之危險。

側風風切（crosswind shear）：係左右方向側風分力突然增加或減少，導致飛機起飛及進場著陸時偏左或偏右。

三、（一）請問預報人員如何由天氣情況；
　　（二）雷達回波及紅外線衛星雲圖綜合研判可能發生下爆氣流（downburst）之地區？

解析

　　（一）天氣情況：雷雨之基本條件為空氣不穩定，所以氣象人員可根據某地探空資料為不穩定空氣和空氣中含有豐富的水汽，以及大尺度天氣特徵有鋒面或地形之抬舉作用，或地面受熱，氣團上升，就可判斷某地會有雷雨發生。

　　1.不穩定空氣：雷雨之形成，空氣至少要是條件不穩定，空氣受地形或鋒面之抬升，使該空氣變成絕對不穩定時，至其溫度高於周圍空氣溫度之某一高度，該高度稱為自由對流高度（level of free convection），自該高度起暖空氣繼續自由浮升，直至其溫度低於周圍溫度之高度為止。

　　2.抬舉作用：地面上暖空氣因外力抬舉至自由對流高度，過此高度後，立即繼續自由浮升，構成抬舉作用之原因有四：鋒面抬舉、地形抬舉以及下層受熱抬舉和空氣自兩方面符合而產生垂直運動之抬舉。

　　3.空氣中含有豐富的水汽：暖空氣被迫抬升，含有之水汽凝結成雲，暖空氣中含水汽愈豐富，愈易升達自由對流高度，產生積雨雲與雷雨之機會愈大。

　　（二）雷達回波及紅外線衛星雲圖綜合研判可能發生下爆氣流（downburst）之地區：氣象雷達可觀測降雨水滴及冰晶之大小與數量，雷達回波強度與雨滴數量有關，雨滴愈大及數量愈多，則回波愈強，最強烈回波出現地區必有雷雨發生，冰雹外表包有一層水份，宛如一個大雨滴，雷達回波出現最明顯與最強烈。紅外線衛星雲圖可就雲層的不同溫度來判斷雲發展的情形，對流愈強，雷雨愈強，其雲頂溫度愈低。所以在雷達回波出現最明顯與最強烈之地區以及紅外線衛星雲圖雲頂溫度愈低，綜合研判雷雨非常強烈，該地區的雷雨可能發生下爆氣流（downburst）。

四、請分別說明輻射霧及平流霧形成的原因及預報方法。

解析

　　輻射霧（radiation fog）：寒冬晴朗的夜晚，潮濕的空氣經地面輻射冷卻，形成霧，稱之為輻射霧（radiation fog）。潮濕的空氣，碰到夜晚無雲或只有一點雲，經地面輻散冷卻降溫，加上輕微擾動混合，將整層空氣擴展冷卻降溫，最後形成所謂的輻射霧。靜風不會產生擾動，但風速只要達到 1 浬/時，就足以使空氣產生擾動。如果風速大於 5 浬/時，擾動層增厚，地面散失的熱量，分布到廣大的空氣，使整層的空氣不足以冷卻至凝結的程度。不過，輻射霧一旦形成，霧的上層，再輻射冷卻，使得霧繼續往上發展，所以嚴冬的長夜清晨，霧可以發展至數百呎之厚度。

　　平流霧（advection fog）：潮濕空氣移行於較冷之陸面或海洋，使空氣熱量散失於冷陸面或冷海面上，空氣達於飽和，水汽凝結而成霧。在沿海地區常出現，且亦能發展至內陸地區，其出現於海上者，稱為海霧（sea fog）。我們台灣在冬春兩季，寒流通過之後，高壓出海，東北氣流轉變為西南氣流，西南氣流從南海帶來高溫潮濕的水汽，高溫潮濕的水汽經過台灣西部或北部寒冷的陸地或海面，最容易形成平流霧。

2003 年公務人員特種考試民航人員

考試試題

等　別：三等考試
類　別：飛航管制、飛航諮詢
科　目：航空氣象學

一、對流形成的條件為何？台灣各地區發生對流的有
　　利條件為何？試分析討論之。

解析

　　夏季白天地面受熱，地面上暖空氣抬升，暖空氣中之水
汽凝結成積雨雲，繼續發展成雷雨，此種雷雨稱為熱（氣團）
雷雨（air mass thunderstorm）。

　　由於地面受熱或地面氣流輻合而引發對流雷雨，其中地
面受熱所引發者，又稱為熱雷雨或局部雷雨，它的範圍不
廣，移行距離也不遠。熱雷雨常見於盛夏午後，如台北盆地，
大氣下層因日射強烈，風速微弱，地面受熱過甚，而引發對
流作用。通常在熱帶海洋氣團或赤道海洋氣團，夏季高溫潮
濕，地面受熱，最容易引發對流。在沿海地區，如台灣中部
靠山地區，午後風速微弱，較冷而潮濕之海上氣流行經高溫
之陸上，下部受熱，產生空氣對流，雷雨於是在近海岸上形
成。反之，在深夜與清晨，如台灣高屏近海，當陸上較冷空

氣行經溫暖水面時，也足以在外海形成雷雨，此種雷雨又稱夜晚雷雨（nocturnal thunderstorm）。在無鋒面的低壓槽中，陸地受太陽照射，午後與黃昏，地面氣流輻合，形成雷雨。海上因雲頂輻射作用，常在深夜與清晨發生雷雨。

二、何謂雷雨？何謂颮線？對於飛航安全而言，雷雨和颮線為什麼重要？試討論之。

解析

（一）雷雨

地面受熱或地面氣流輻合而引發對流雷雨，熱雷雨常見於盛夏午後，大氣下層因日射強烈，風速微弱，地面受熱過甚，而引發對流作用。通常在熱帶海洋氣團或赤道海洋氣團，夏季高溫潮濕，地面受熱，最容易引發對流。在沿海地區，午後風速微弱，較冷而潮濕之海上氣流行經高溫之陸上，下部受熱，產生空氣對流，雷雨於是在近海岸上形成。反之，在深夜與清晨，當陸上較冷空氣行經溫暖水面時，也足以在外海形成雷雨。在無鋒面的低壓槽中，陸地受太陽照射，午後與黃昏，地面氣流輻合，形成雷雨。海上因雲頂輻射作用，常在深夜與清晨發生雷雨。

初生階段常有積雲存在，積雲雲中、雲上及雲周圍均為上升氣流。積雲繼續發展，上升垂直氣流速度加強。積雲雲層中氣溫高於雲外氣溫，內外溫差以在高層較明顯。積雲初期雲滴微小，經不斷向上伸展，雲滴逐漸增大為雨滴。雲

滴雖被上升氣流抬高至結冰高度層以上高空，仍保持液體狀態。

　　成熟階段，空氣對流加強，積雲繼續向上伸展，發展成積雨雲，雲中雨滴雪花不斷相互碰撞，體積和重量增大，一直到上升氣流無法支撐時，雨雪下降，地面開始下雨，繼續下大雨。積雨雲雲頂有時可衝過對流層頂。雨水下降時將冷空氣拖帶而下，形成下降氣流，氣流下降至距地面 1,500 公尺高度時，受地面阻擋作用，下降氣流速度減低，使空氣向水平方向擴散，在地面形成猛烈陣風，氣溫突降，氣壓徒升。積雨雲中之氣流有升有降，速度驚人，常出現冰雹和強烈亂流，雷雨強度達最高鋒。

　　消散階段，下降氣流繼續發展，並向垂直和水平兩方向伸展，上升氣流逐漸減弱，最後下降氣流控制整個積雨雲，雲內溫度反比雲外為低。雨滴自高層下降經過加熱與乾燥之過程後，水份蒸發，地面降水停止，下降氣流減少，雷雨衰弱，積雨雲鬆散，下部出現層狀雲，上部頂平如削，為砧狀雲結構。

（二）颮線

　　在冷鋒前方潮濕不穩定空氣中發展成一系列活耀狹窄雷雨帶，稱之為颮線（squall lines），它也可在離開鋒面很遠之不穩定空氣中形成。颮線上積雨雲相當高聳，有兇猛之亂流雲層，直衝雲霄，對於重型飛機之儀器飛行會構成最嚴重之危害。颮線通常快速形成又快速移動，其整個生命延續時間一般不會超過 24 小時。

（三）重要性

　　颮線或強雷雨胞之前方，低空與地面風向風速發生驟變，由於下沉氣流接近地面時，氣流向水平方向沖瀉而形成之猛烈陣風，成為雷雨另一種更具危險性之惡劣天氣，此種雷雨緊前方之陣風稱為初陣風。飛機在雷雨前方起飛降落，相當危險，因為最強烈之初陣風，風速可達 100 浬/時，風向可能有 180°之改變。但初陣風為時短促，一般初陣風平均風速約 15 浬/時，風向平均約有 40°之改變，其速度大致為雷雨前進速度與下沉氣流速度之總和，雷雨前緣之風速較其尾部之風速猛烈多。通常兇猛初陣風發生於滾軸雲及陣雨之前部，塵土飛揚，飛沙走石，顯示雷雨蒞臨之前奏。滾軸雲於冷鋒雷雨及颮線雷雨最為盛行，滾軸雲表示最強烈亂流之地帶。

　　在颮線或強雷雨之中上層盛行強烈上升氣流區域，雷雨中上層盛行垂直氣流，飛機被迫垂直位移。飛行高度愈高，位移愈大，愈低則位移愈小。除此之外，在雷雨中上層盛行強烈之上升氣流區有冰雹、閃電、積冰和亂流，對飛機之危害甚大。

　　在颮線或強雷雨雷雨雲之雲側 20 哩以內區域，仍有風切亂流出現。

　　在颮線或強雷雨下爆氣流（downburst）區，下爆氣流區會有強烈的小尺度下衝氣流到達地面，且在地面造成圓柱狀水平方向的輻散氣流。飛機穿越此種氣流時會遭遇危險的逆風到順風的低空風速轉變帶，該風速轉變帶稱為低空風切。

　　當飛機飛進下衝氣流地面輻散場時，會先遇到頂風氣流，飛機空速相對增加，機翼浮揚力增強。待飛機過了下衝氣流中心線，隨即遭遇從機尾來的強順風，於是機上空速表急遽下降，機翼浮力不足，飛機因而失速下墜；惟此時已在進場最後階段，其高度無法使駕駛員與飛機有充分的時間反映，因而無法重飛，導致失速墜毀。

　　在颮線或強雷雨雲頂上端區仍有風切亂流出現。

三、何謂噴流（jet stream）？為什麼存在？對於飛航有什麼影響？試討論之。

解析

　　請參閱（2008 年高考三等航空駕駛）

四、颱風形成的必要條件為何？從熱帶低壓發展成颱風的機制為何？

解析

　　從熱帶低壓發展成颱風的機制：

　　熱帶海洋上空，空氣被迫上升，凝結成雲致雨，潛熱釋放，氣柱溫度升高，加速空氣上升運動。氣溫上升，導致地面氣壓降低，復又增加低空輻合作用，因而吸引更多水氣進入熱帶氣旋系統中。當該等連鎖反應繼續進行時，巨大之渦旋便會形成，其達巔峰狀態者，即為颱風或颶風。

請參閱（2009 年民航三等特考飛航管制）

2003 年公務人員高等考試三級考試

第二試試題

職　系：航空駕駛

一、航空器必須使用高度計（altimeter）量度飛機所在高度。常用的高度計有三種：氣壓高度計（pressure altimeter）、雷達高度計（radar altimeter）以及全球定位系統（Global Positioning System；GPS）。試分別說明其原理以及所量度之高度的含意。（30 分）

解析

　　（一）氣壓高度計：氣壓高度計係以一地當時之氣壓值相當於在標準大氣中相等氣壓時之高度來量度飛機所在高度。在標準大氣中，凡是相等氣壓處之高度，氣壓值都相等。故在一個等壓面上，有相同的等氣壓高度。飛機飛行於一個等氣壓高度面上，就是飛行於一個等壓面上。

　　（二）雷達高度計（radar altimeter）：利用「多重雷達資料處理系統」具有三度空間處理功能而設計出的，雷達高度計可同時測高、測距及測速，運用在航空管制上，可以管制空中飛行目標，當飛行器誤闖限航區、可能撞擊高山、建築物或是航機距離過近可能發生碰撞時，可立即由管制中心通知飛行器注意而防止災難發生。

「雷達高度計」，利用具有三度空間測量效能，裝置在飛機上使用最高可到達一萬公尺高空，偵測速度則是十萬分之一秒，每四秒鐘即可更新資料一次，是一項快速且具有遠距離偵測的雷達感應裝置。

（三）全球定位系統（Global Positioning System；GPS）：全球定位系統（GPS）是一種以衛星為基地的無線導航系統，可提供準確、遍及全球、三度空間位置、速度與即時的資料。美國導航衛星—全球定位系統衛星是在傾斜（軌道圓形，55 度傾斜）、同半步、12 小時的軌道上運行。利用測量獲得地表與數顆衛星的距離，求得地表位置的座標。與傳統地面測量相比，具有測點間不必相互通視的優點，並可同時獲得三維點座標及基線向量。

對 GPS 接受器而言，衛星定位時是利用是利用 GPS 接受器收到一個衛星的信號，再由同步時鐘算出信號的遲緩時差乘上光速而得到與衛星的距離。當 GPS 接受器可以同時收到四個衛星的信號時，就可計算出在地球上的位置及速度。通常計算位置的方法有代數解法、重複差值解法及卡爾曼濾波器（Kalman Filtering）解法三種，其中又以重複差值解法最常見。飛機上裝有 GPS 接收儀，可提供衛星導航數據（即載具的位置及速度）。

二、1985 年 8 月在美國達拉斯—沃斯堡機場發生一件民航機降落墜機事件，造成 100 人喪生。專家們鑑定認為是所謂的微爆流（microburst）現象所導

致。試說明微爆流形成的原因和特徵，並說明飛機為何因此失事。（20 分）

解析

微爆流（Microburst）是一種在氣團、多胞雷雨（Multi-cell thunderstorm）、或超大胞雷雨（Supercell thunderstorm）中都可能發生的小尺度天氣現象。源自平流層中快速移動之乾空氣，從雷雨積雨雲中沖瀉而下，至低空再挾帶大雨滴和冰晶，向下猛衝，形成猛烈之下爆氣流（Downburst）。下爆氣流之突然出現，會引起很強的低空風切，其尺度很小，威力強大，對飛機危害至大。

下爆氣流發生時，其內部會有強烈的小尺度下衝氣流到達地面，在地面造成圓柱狀水平方向的輻散氣流。飛機穿越此種氣流時，會遭遇逆風轉變為順風的低空風切。

當飛機飛進下衝氣流地面輻散場時，會先遇到頂風氣流，飛機空速相對增加，機翼浮揚力增強。待飛機過了下衝氣流中心線，隨即遭遇從機尾來的強順風，於是機上空速表急遽下降，機翼浮力不足，飛機因而失速下墜；惟此時已在進場最後階段，其高度無法使駕駛員與飛機有充分的時間反映，因而無法重飛，導致失速墜毀

三、鋒面系統接近經常發生低雲幕天氣，對於飛航安全影響甚劇。試說明當冬季冷鋒過境雲幕變化情形。當梅雨季時又如何？試說明其相異之處。（20 分）

解析

　　標準冷鋒過境時所發生之天氣過程，在暖氣團裡，冷鋒之前，最初吹南風或西南風，風速逐漸增強，高積雲出現於冷鋒之前方，氣壓開始下降，隨之雲層變低，積雨雲移近後開始降雨，冷鋒愈接近，降雨強度愈增加，待鋒面通過後，風向轉變為西風、西北風或北風，氣壓急劇上升，而溫度與露點速降，天空立轉晴朗，至於其雲層狀況，則視暖氣團之穩定度及水汽含量而定。急移冷鋒遭遇不穩定濕暖空氣，鋒面移動快，在高空接近鋒面下方，空氣概屬下沉，在地面上冷鋒位置之前方，空氣概屬上升，大部分濃重積雨雲及降水均發生於緊接鋒面之前端，此種快移冷鋒常有極惡劣之飛行天氣伴生，惟其寬度頗窄，飛機穿越需時較短。地面摩擦力大，靠近地面之冷鋒部分，前行緩慢，以致鋒面坡度陡峻，同時整個冷鋒移速快，冷鋒活動力增強，如果暖空氣水份含量充足而且為條件不穩定者，則在鋒前有猛烈雷雨與陣雨，有時一系列雷雨連成一線，形成鋒前颮線，颮線上積雨雲益加高聳，兇猛之亂流雲層，直衝霄漢。但隨急移冷鋒之過境，低溫與陣風亂流同時發生，瞬時雨過天晴，天色往往頃刻轉佳。緩移冷鋒遭遇穩定暖空氣與潮濕而條件性不穩之暖空氣所產生之不同天氣情形，冷鋒移速較慢，其坡度不大，暖空氣被徐徐抬升，積雲與積雨雲在暖空氣中自地面鋒之位置向後伸展頗廣，故惡劣天氣輻度較寬。暖空氣為穩定者，在鋒面上產生之雲形為層狀雲。暖空氣為條件性不穩定者，在鋒面上產生之雲形為積狀雲，並常有輕微雷雨伴生。

在梅雨季節期間，低壓所伴隨的冷鋒移動速度緩慢甚至停滯不前，在冷鋒前暖空氣常為潮濕不穩定，冷鋒移速較慢，其坡度不大，暖空氣被徐徐抬升，積雲與積雨雲在暖空氣中自地面鋒之位置向後伸展頗廣，故惡劣天氣輻度較寬，如此，在梅雨季節雨勢強，下雨時間久，往往造成豪雨成災。

四、熱帶風暴又稱熱帶氣旋，在西北太平洋又稱颱風。每年颱風季節，伴隨颱風之強風豪雨對我國不僅飛航安全甚至整個社會都有很大影響。試說明颱風的基本運動場和降雨場結構特徵？決定颱風移動路徑的原因有那些？當遇到颱風時飛機之避行路徑？（30 分）

解析

（一）颱風的基本運動場和降雨場結構特徵

颱風的動力結構從垂直向上氣流的特點來看，大致可分為三層，從地面到 3 公里左右是為氣流的流入層，氣流以氣旋式旋轉向中心強烈輻合。因地面的摩擦效應，最強的流入是 1 公里以下的近地面層；從 3 公里到 8 公里的高度是以垂直運動為主的中層，氣流圍繞中心做氣旋式向上旋轉，由低層輻合流入的大量暖濕氣流，通過此層不斷地向高層輸送能量。由於強烈的垂直運動，所以該層是雲雨生成的高度；從八公里到颱風頂部的高層，氣流從中心向外流出，是為氣流的流出層。最大的流出高度約在 12 公里附近。低、中、高

這三層氣流的暢通，是颱風維持的重要條件，如果高層的流出大於低層的流入，則中心氣壓降低，颱風發展；若高層的流出低於低層的流入，則中心氣壓升高，颱風減弱，最後消失。唯在處於不同發展階段的颱風，其氣流狀況略有不同。

　　沿颱風暴風半徑的水平方向來看，氣流的狀況亦可分成大風區、渦旋區和颱風眼等三個區域。大風區是颱風的最外圍部分，半徑約 200－300 公里，氣流以水平運動為主，風速由邊緣向內逐漸增大，多在 6－12 級之間。當大風區接近時，天氣狀況也發生變化，風力加大並伴有螺旋雲帶出現，產生降雨。

　　渦旋區是颱風雲牆（wall cloud）區，也是破壞力最大的部分，是圍繞著颱風眼的最大風速區，半徑範圍約 100 公里，風力經常在 12 級以上。此區域低層輻合氣流也最強盛，烏雲築成高大雲牆，形成颱風眼壁。颱風因四周空氣向內部旋轉吹入，至中心附近，氣流旋轉而有旺盛上升氣流，形成濃厚之雨層雲及積雨雲，雨勢強，降雨雲幕常低至 200 呎，愈近中心，雨勢亦愈猛。氣流在強烈對流形成雲雨的過程中，釋放出大量的凝結潛熱，它對颱風暖心結構形成以及颱風的進一步發展提供了大量的能量。渦旋區的降臨狂風暴雨，翻山倒海，造成人民的生命財產嚴重的損失。

　　颱風眼是颱風的中心部分，半徑約幾公里，最大的可達數十公里。颱風眼被四周高大雲牆的眼壁所包圍。由於外圍氣流高速旋轉運動，產生強大的離心力，使得外圍氣流不能流入颱風眼。所以颱風眼內風力微弱並有氣流下沉，雲散雨

停,天氣乾暖,與渦旋區氣流和天氣迴然不同。颱風眼到來僅是颱風暴虐的暫時歇息,一旦颱風眼移出之後,狂風暴雨立即捲土重來。

（二）決定颱風移動路徑的原因

西太平洋颱風常受大規模氣流之影響而移動,低緯度的颱風,初期位在太平洋副熱帶高壓的南緣,自東向西移動,其後,位在太平洋副熱帶高壓的西緣漸漸偏向西北西以至西北,至 $20°N \sim 25°N$ 附近,颱風在低層受低空東南風或西南風系統和在高層受高空西風系統等兩種風場系統互為控制之影響下,移向不穩定,甚至反向或回轉移動,最後在高空西風優勢控制之下,逐漸轉北移動,最後進入西風帶而轉向東北,直至中緯度地帶,漸趨減弱消失,或變為溫帶氣旋。全部路徑,大略如拋物線形。以上所述路徑,係就一般而論,實則每個颱風,其行蹤,各有不同,若干進入熱帶或副熱帶大陸後即趨消失,也有少數在熱帶海洋上即行消滅,甚至倒退打轉等怪異路徑,亦非罕見。

（三）當遇到颱風時飛機之避行路徑

因為熱帶風暴威力大,破壞力強,故飛機如飛近其周圍,依當時情況判斷,務須設法繞避。根據熱帶風暴環流原則,飛機如直向熱帶風暴中心飛行,則強風係來自左方;如飛機轉向,使熱帶風暴中心尾隨其後,則強風來自右方,因此在航程中之飛機若遭遇熱帶風暴時,通常採用三條繞避路線:

　　a. 如強風吹向飛機之左前方,則盡速改變飛航路線,盡量繞向左方飛避,使強風吹向飛機之右前方,並續向

左方飛行，直至情況轉佳後，再返回原航線前進。

b. 如強風吹向飛機之左後方，則盡速改變飛航路線，盡量向右方飛避，使強風吹向飛機之右後方，並續向右方方行，直至情況轉佳後，再返回原航線前進。

c. 如強風與飛機飛行方向正相垂直，亦盡速向右方飛避，使強風吹向飛機之右後方，並續向右方飛，直至情況良好時，再回歸原航線上前進。

南半球航機繞避熱帶風暴之路徑與北半球者完全相反。

2003 年公務人員簡任升官等考試試題

等　別：簡任升官等考試
類　別：飛航管制、飛航諮詢、航務管理
科　目：航空氣象學研究

一、何謂噴（射氣）流？在飛航安全上有什麼影響？為
　　什麼？試討論之。（25 分）

解析

　　中、高緯度對流層上部盛行西風，冬季期間北半球位在
30°N 附近和高度約在 200hPa 常有有甚強的西風帶，其軸心
之最大風速可達每小時 100~200 海浬，約有 1~2 倍強烈颱風
的強風，此強西風帶稱為西風噴射氣流或簡稱噴流（jet
stream）。噴射氣流出現東西方向達數千公里的波長和南北向
之大波動，波動使波的形狀隨時間變化。噴射氣流的特徵是
風速大，噴射氣流附近有顯著的上下垂直風切與南北水平風
切。噴流之溫度結構為對流層南邊溫度較高，而平流層之北
邊溫度較高。在噴流附近常有卷雲出現，且呈鋒面型長條狀
之分布。

　　西風噴流與等風速線和等溫線分布之南北垂直剖面
圖，如圖 1。圖中噴射氣流接近對流層頂處和鋒面區裡（A

區），等風速線最密集，晴空亂流最為強烈。在副熱帶對流層頂和噴射氣流軸心之上方平流層（B 區），有次強烈的晴空亂流。在噴射氣流軸心下方和近鋒面區之暖氣團裡（C 區），有中度至強烈之晴空亂流。在暖氣團裡，距離鋒面區及噴射氣流核心較下方與較遠處（D 區），晴空亂流為輕度或無。

　　噴流西風甚強，飛機自西飛向東順著風向飛行時，可縮短飛行時間。反之，飛機自東飛向西逆風飛行時，會延長飛行時間，所以要避開噴射氣流飛行。

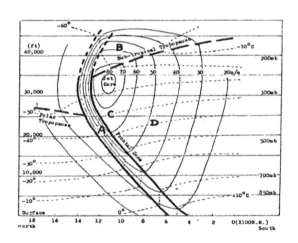

圖 1　西風噴流與等風速線和等溫線分布之南北垂直剖面圖，圖中 jet core 為西風噴射氣流核心，粗斷線為對流層頂，實線為等風速線，細斷線為等溫線。

二、機場有雷雨時，為何不利飛機起降？試討論之。

解析

　　颮線或強雷雨胞之前方，低空與地面風向風速發生驟變，由於下沉氣流接近地面時，氣流向水平方向沖瀉而形成之猛烈陣風，成為雷雨另一種更具危險性之惡劣天氣，此種雷雨緊前方之陣風稱為初陣風。飛機在雷雨前方起飛降落，相當危險，因為最強烈之初陣風，風速可達 100 浬／時，風向可能有 180° 之改變。但初陣風為時短促，一般初陣風平均風速約 15 浬／時，風向平均約有 40° 之改變。雷雨前緣之風速較其尾部之風速猛烈多。通常兇猛初陣風發生於滾軸雲及陣雨之前部，塵土飛揚，飛沙走石，顯示雷雨蒞臨之前奏。滾軸雲於冷鋒雷雨及颮線雷雨最為盛行，滾軸雲表示最強烈亂流之地帶。

　　在颮線或強雷雨之中上層盛行強烈上升氣流區域，雷雨中上層盛行垂直氣流，飛機被迫垂直位移，飛行高度愈高，位移愈大，愈低則位移愈小。除此之外，在雷雨中上層盛行強烈之上升氣流區有冰雹、閃電、積冰和亂流，對飛機之危害甚大。在颮線或強雷雨雷雨雲之雲側 20 哩以內區域，仍有風切亂流出現。

　　在颮線或強雷雨下爆氣流（downburst）區，下爆氣流區會有強烈的小尺度下衝氣流到達地面，且在地面造成圓柱狀水平方向的輻散氣流。飛機穿越此種氣流時會遭遇危險的逆風到順風的低空風速轉變帶，該風速轉變帶稱為低空風切。

　　當飛機飛進下衝氣流地面輻散場時，會先遇到頂風氣流，飛機空速相對增加，機翼浮揚力增強。待飛機過了下衝氣流中心線，隨即遭遇從機尾來的強順風，於是機上空速表急遽下降，機翼浮力不足，飛機因而失速下墜；惟此時已在進場最後階段，其高度無法使駕駛員與飛機有充分的時間反映，因而無法重飛，導致失速墜毀。

　　在颮線或強雷雨雲頂上端區仍有風切亂流出現。

三、台灣冬季冷鋒過境，對飛機起降可能造成的影響為何？為什麼？試討論之。（25分）

解析

　　標準冷鋒過境時所發生之天氣過程，在暖氣團裡，冷鋒之前，最初吹南風或西南風，風速逐漸增強，高積雲出現於冷鋒之前方，氣壓開始下降，隨之雲層變低，積雨雲移近後開始降雨，冷鋒愈接近，降雨強度愈增加，待鋒面通過後，風向轉變為西風、西北風或北風，氣壓急劇上升，而溫度與露點速降，天空立轉晴朗，至於其雲層狀況，則視暖氣團之穩定度及水汽含量而定。急移冷鋒遭遇不穩定濕暖空氣，鋒面移動快，在高空接近鋒面下方，空氣概屬下沉，在地面上冷鋒位置之前方，空氣概屬上升，大部分濃重積雨雲及降水均發生於緊接鋒面之前端，此種快移冷鋒常有極惡劣之飛行天氣伴生，惟其寬度頗窄，飛機穿越需時較短。地面摩擦力大，靠近地面之冷鋒部分，前行緩

慢，以致鋒面坡度陡峻，同時整個冷鋒移速快，冷鋒活動
力增強，如果暖空氣水份含量充足而且為條件不穩定者，
則在鋒前有猛烈雷雨與陣雨，有時一系列雷雨連成一線，
形成鋒前颮線，颮線上積雨雲益加高聳，兇猛之亂流雲層，
直衝霄漢。但隨急移冷鋒之過境，低溫與陣風亂流同時發
生，瞬時雨過天晴，天色往往頃刻轉佳。緩移冷鋒遭遇穩
定暖空氣與潮濕而條件性不穩之暖空氣所產生之不同天氣
情形，冷鋒移速較慢，其坡度不大，暖空氣被徐徐抬升，
積雲與積雨雲在暖空氣中自地面鋒之位置向後伸展頗廣，
惡劣天氣輻度較寬。暖空氣為穩定者，在鋒面上產生之雲
形為層狀雲。暖空氣為條件性不穩定者，在鋒面上產生之
雲形為積狀雲，並常有輕微雷雨伴生。

四、水平能見度與垂直能見度在飛機起降有何重要？
　　台灣在什麼天氣或氣象條件下，最易因而妨礙飛機
　　起降，為什麼？試討論之。（25 分）

解析

　　能見度為一定方向之顯著目標，用正常肉眼所能辨識之
最大距離。普通氣象台所指能見度，係地面水平方向盛行的
能見度。當整個天空為視程障礙所遮蔽，則視障幕高度就是
地面之垂直能見度（vertical visibility）。

　　如果水平能見度與垂直能見度的不良時，飛行員無法看
清楚機場跑道，會影響飛機起降，如果勉強起降將會使飛機

無法對準跑道而發生衝出跑道或墜毀之危險。所以水平能見度與垂直能見度為機場起降標準的天氣條件之一。

2003 年公務人員薦任升官等考試試題

類　別：飛航管制、航務管理
科　目：航空氣象學

一、簡答題（每題 10 分，共 40 分）

（一）以北半球中緯度為例，圖示並說明風場與高
空天氣圖上等高線的關係。

（二）簡要說明高度表指示高度（Indicated Altitude）
的意義，及其與實際高度的差異。

（三）何謂低空風切？簡述其對飛航安全的影響。

（四）何謂下爆流（downburst）？簡述其成因及對
飛航安全的影響。

解析

　　（一）以北半球中緯度為例，圖示並說明風場與高空
天氣圖上等高線的關係。

　　在高層大氣中存在著水平氣壓梯度力和地轉偏向力平
衡下的地轉風（geostrophic wind），水平氣壓梯度力與水平
地轉偏向力大小相等，方向相反，其合力為零，即達到平
衡狀態，大氣運動不在偏轉而作慣性運動，形成了平行於
等壓線（高空天氣圖等高線）吹穩定的風。在地轉平衡狀
態時，空氣流動，無地面摩擦力影響，約在地面上 600 公

尺至 900 公尺以上之高空，風向通常與等壓線（地面天氣圖）或等高線（高空天氣圖）平行，如圖 a。在此高度以下，地面摩擦力增大，風向與等壓線或等高線不克平行，而構成一夾角。地轉風通常出現於高空，以及在廣大洋面上摩擦力很小，氣流走向常能符合地轉風。

假設等壓線為直線之基本條件下，通常地轉風與等壓線平行，但事實上等壓線大都為彎曲線，除了地球偏向力與氣壓梯度力以外，尚有離心力（centrifugal force）也會影響氣流，此離心力係自彎曲中心向外之拉力。結果氣流受偏向力（D）、梯度力（P$_H$）與離心力（C）等三種力量之影響。該三力互相平衡時而得之風，稱為梯度風（gradient wind）（V），如圖 b。離心力之大小，與空氣流動速度之平方及路線之彎曲度，皆成正比例。在高氣壓區，離心力與梯度力同向而與偏向力異向；在低氣壓區，離心力與梯度力異向而與偏向力同向。

高空天氣圖上高氣壓（反氣旋區）空氣自高壓流向低壓，高壓區空氣必自中心向外圍流動，因地球偏向力之緣故，使北半球外流空氣偏右，結果形成順時鐘向外流之區域性環流。低氣壓區（氣旋區）空氣自四圍向中心流動，因偏向力使北半球內流空氣亦偏右，結果形成反時鐘向內流之區域性環流，如圖 c。

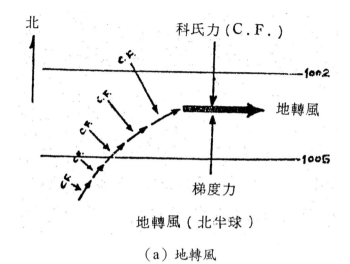

（a）地轉風

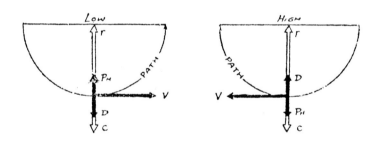

北半球梯度風與有關力量之平衡

（b）北半球梯度風

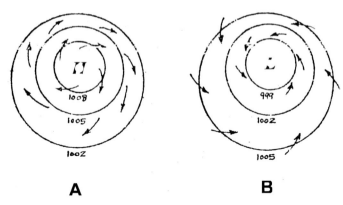

北半球高低氣壓區之風向

（c）北半球高低氣壓區之風向

圖1　風場與高空天氣圖上等高線的關係（a）地轉風（b）
　　　北半球梯度風（c）北半球高低氣壓區之風向

　　（二）簡要說明高度表指示高度（Indicated Altitude）
的意義，及其與實際高度的差異。

　　指示高度係高度計經撥定至當地高度撥定值時所指示
之平均海平面以上之高度。航機上高度計所顯示之高度值
常因其下方氣壓變化與溫度變化而發生變化，氣壓有變
時，可利用高度撥定值調整為指示高度，然而氣溫有變時，
卻無良法調整其高度誤差，所幸空氣柱溫度變化與標準大
氣溫度間之差數通常不大，則其所能構成之高度誤差亦甚
微，一般可略而不計，故在飛航作業上採用指示高度。

　　（三）何謂低空風切？簡述其對飛航安全的影響。

風切乃指大氣中單位距離內，風速或風向或兩者同時發生之變化，如以數學式表示，則

$$風切 = \triangle \vec{v} / \triangle \vec{v}$$

上式中，$\triangle \vec{v}$ 及 $\triangle \vec{v}$ 分別代表風向量之變化及產生該變化之距離。風切可發生在大氣中任何高度，分為水平方向或垂直方向，亦可同時發生在水平與垂直兩個方向上。

根據美國聯邦航空總署（FAA）及美國國家海洋大氣總署（NOAA）共同規定，凡在 1500 呎以下低空所發生之風切亂流稱為低空風切（low level wind shear）。

航機起降穿過低空風切帶時，就會遭遇到相當嚴重之亂流，使航機空速出現不規則變動，如果遭遇逆風風切（headwind shear），逆風分速之增加或順風分速之減少，使航機之指示空速增加而提升其高度。遭遇順風風切（tailwind shear），順風分速之增加或逆風分速之減少，使航機之接示空速減少而致其下沉。遭遇側風風切（crosswind shear），左右方向側風分力之增加或減少，導致航機偏左或偏右。遭遇下爆風切（downburst shear），上下方向風分力之增加或減少，由於垂直風切關係，而使航機急速下沉。

（四）何謂下爆流（downburst）？簡述其成因及對飛航安全的影響。

微爆流（Microburst）是一種在氣團、多胞雷雨（Multi-cell thunderstorm）、或超大胞雷雨（Supercell thunderstorm）中都可能發生的小尺度天氣現象。源自平流層中快速移動之乾空

氣，從雷雨積雨雲中沖瀉而下，至低空再挾帶大雨滴和冰晶，向下猛衝，形成猛烈之下爆氣流（Downburst）。下爆氣流之突然出現，會引起很強的低空風切，尺度很小，威力強大，對飛機危害至大。下爆氣流發生時，其內部會有強烈的小尺度下衝氣流到達地面，在地面造成圓柱狀水平方向的輻散氣流。飛機穿越此種氣流時，會遭遇逆風轉變為順風的低空風速轉變帶，稱為低空風切。當飛機飛進下衝氣流地面輻散場時，會先遇到頂風氣流，飛機空速相對增加，機翼浮揚力增強，待飛機過了下衝氣流中心線，隨即遭遇從機尾來的強順風，於是機上空速表急遽下降，機翼浮力不足，飛機因而失速下墜；惟此時已在進場最後階段，其高度無法使駕駛員與飛機有充分的時間反映，因而無法重飛，導致失速墜毀

二、霧常影響飛機起降之安全，機場亦常因濃霧而關閉。就形成原因而言，霧可分輻射霧和平流霧，試說明輻射霧和平流霧的特徵和形成原因，並說明兩者對機場運作的影響。（20分）

解析

請參閱（2016年民航特考航管和諮詢）

兩者對機場運作的影響

航機飛行於平流霧上空與輻射霧上空幾乎毫無差別。然而，前者常較後者範圍廣闊與持續長久，且無論日夜，前者移動較為快速。唯輻射霧和平流霧都會降低機場能見

度，使能見度低於機場飛機起降標準，造成機場跑道關閉，飛機無法起降，影響機場的運作甚鉅。

三、何謂熱帶風暴（tropical storm）和颱風（typhoon）？簡要說明其（一）重要結構特徵，（二）過境台灣時的重要天氣變化特徵，及（三）對飛航安全的影響。

解析

何謂熱帶風暴（tropical storm）和颱風（typhoon）？

熱帶風暴又稱熱帶氣旋（tropical cyclones），為發生於熱帶海洋上極強烈氣旋之總稱。颱風在菲律賓群島以東之洋面上產生，通常向西、西北西或西北移行而達中國東南沿海，復轉向東北直指日本。（一）重要結構特徵（颱風的基本運動場和降雨場結構特徵）

颱風的動力結構從垂直向上氣流的特點來看，大致可分為三層，從地面到 3 公里左右是為氣流的流入層，氣流以氣旋式旋轉向中心強烈輻合。因地面的摩擦效應，最強的流入是 1 公里以下的近地面層；從 3 公里到 8 公里的高度是以垂直運動為主的中層，氣流圍繞中心做氣旋式向上旋轉，由低層輻合流入的大量暖濕氣流，通過此層不斷地向高層輸送能量。由於強烈的垂直運動，所以該層是雲雨生成的高度；從八公里到颱風頂部的高層，氣流從中心向外流出，是為氣流的流出層。最大的流出高度約在 12 公里附近。低、中、高這三層氣流的暢通，是颱風維持的重要條件，如果高層的流

出大於低層的流入，則中心氣壓降低，颱風發展；若高層的流出低於低層的流入，則中心氣壓升高，颱風減弱，最後消失。唯在處於不同發展階段的颱風，其氣流狀況略有不同。

　　沿颱風暴風半徑的水平方向來看，氣流的狀況亦可分成大風區、渦旋區和颱風眼等三個區域。大風區是颱風的最外圍部分，半徑約 200－300 公里，氣流以水平運動為主，風速由邊緣向內逐漸增大，多在 6－12 級之間。當大風區接近時，天氣狀況也發生變化，風力加大並伴有螺旋雲帶出現，產生降雨。

　　渦旋區是颱風雲牆（wall cloud）區，也是破壞力最大的部分，是圍繞著颱風眼的最大風速區，半徑範圍約 100 公里，風力經常在 12 級以上。此區域低層輻合氣流也最強盛，烏雲築成高大雲牆，形成颱風眼壁。颱風因四周空氣向內部旋轉吹入，至中心附近，氣流旋轉而有旺盛上升氣流，形成濃厚之雨層雲及積雨雲，雨勢強，降雨雲幕常低至 200 呎，愈近中心，雨勢亦愈猛。氣流在強烈對流形成雲雨的過程中，釋放出大量的凝結潛熱，它對颱風暖心結構形成以及颱風的進一步發展提供了大量的能量。渦旋區的降臨狂風暴雨，翻山倒海，造成人民的生命財產嚴重的損失。

　　颱風眼是颱風的中心部分，半徑約幾公里，最大的可達數十公里。颱風眼被四周高大雲牆的眼壁所包圍。由於外圍氣流高速旋轉運動，產生強大的離心力，使得外圍氣流不能流入颱風眼。所以颱風眼內風力微弱並有氣流下沉，雲散雨停，天氣乾暖，與渦旋區氣流和天氣迥然不同。颱風眼到來

僅是颱風暴虐的暫時歇息，一旦颱風眼移出之後，狂風暴雨立即捲土重來。

（二）過境台灣時的重要天氣變化特徵

　　颱風過境台灣，各地海平面氣壓劇降，強烈颱風來襲，甚至可降至 980hPa 以下。颱風經常帶來強風與豪雨，當颱風逐漸接近臺灣，風力開始增強與間歇性之陣雨下降，颱風中心更接近臺灣，雲層加厚，出現濃密之雨層雲與積雨雲，風雨亦逐漸加強，愈近颱風中心，風力愈形猛烈，迨進入颱風眼中，則雨息風停，天空豁然開朗，眼區經過某一地點約需一小時，眼過後狂風暴雨又行大作，惟風向已與未進入眼之前相反，此後距中心漸遠，風雨亦減弱。颱風暴風圈接近機場或籠罩機場，常使機場被迫關閉，飛機無法起降。

（三）對飛航安全的影響

　　颱風威力甚大，在陸上、海上與空中常造成災害。在颱風之前半部，因逐漸接近颱風中心，風雨特強，故較為危險；其後半部，則因逐漸遠離中心，故較為安全。颱風所經之地，原來之一般氣流如信風或盛行西風等，與颱風本身之環流每有相加或相減之作用。颱風進行方向之右側，原有之氣流與颱風本身之氣流，方向大略相同，故風速每較強大。反之，在進行方向之左側，兩者氣流近於相反，互相抵消，故風速乃稍弱。因此其前進之右側當較危險，左側則較安全。綜合言之，北半球之颱風，右前部最危險，左後部較安全。

　　飛行員必須避開極具危險之颱風，颱風各層高度均具危險性。颱風積雨雲頂高度在 50000 呎以上，其低層風速最強，

向上遞減。在低空，由於快速吹動之空氣受地面摩擦力影響，飛機即暴露於持續而跳動之亂流中，在螺旋形雲帶（spiral bands）中，亂流強度增加，進入環繞颱風眼之雲牆中，亂流最為猛烈。

此外，遭遇颱風，飛機上高度計高度讀數常因於颱風外圍氣壓與颱風中心氣壓變動大而有誤差。

總之，颱風確屬十分危險，所以要避開它，要以最短時間繞過它。最好飛在它的右方，以獲得順風之利益，否則如飛入它的左方，則會遭遇強烈逆風，使航機到達降落區前，油料可能已消耗殆盡。

四、說明顯著天氣圖（SIGWX）上所呈現的主要內容以及閱讀時應注意的地方。（20分）

解析

顯著天氣預報圖（SIGWX CHART）分成低層（SFC~10,000FT）、中層（10,000~25,000FT）和高層（25,000FT以上）等三種顯著天氣預報圖。顯著天氣預報圖所呈現的主要內容地面鋒面系統、積雨雲區範圍和高度、高空噴射氣流分布和風向風速、亂流和積冰範圍高度和強度、以及對流層高度。閱讀時應注意顯著天氣預報圖預報有效日期和時間，多留意積雨雲區範圍和高度以及亂流和積冰範圍高度和強度，飛行員應儘量避開該等地區範圍和高度，以確保飛航安全。

2004 年公務人員高等考試三級考試

第二試試題

職　系：航空駕駛

一、雷雨雲系之發展常伴隨陣風鋒面（gust front）、下衝氣流（downdraft）以及低層風切現象，試分別說明雷雨雲發展過程，在積雨雲期、成熟期以及消散期等三個不同階級的氣流結構特徵以及所伴隨之下衝氣流、陣風鋒面以及低層風切現象之特性以及對飛行安全可能影響。（30 分）

解析

　　請參閱（2010 年高考三等航空駕駛）

二、地面與高空天氣圖、衛星雲圖以及氣象雷達的回波分布圖、溫度分布圖等，都可以用來幫助分析飛航的天氣特性，試比較這幾種圖所提供資訊之特性，並說明航空駕駛如何應用這些資訊？（20 分）

解析

　　地面天氣圖上可提供各測站天氣資料，包括天空遮蔽總量、風向與風速、能見度、現在天氣、過去天氣、氣壓、溫度與露點、低雲量、低雲雲類、中雲雲類、高低雲雲類、低雲雲高、氣壓趨勢與氣壓變量、降水量、最低雲類、最低雲類之量以及最低雲類之高度。地面天氣圖經氣象人員或電腦分析之後，可知高壓、低壓、冷鋒、暖鋒、滯留鋒、囚錮鋒、等壓線和溫度線之分布、氣團、各種顯著危害天氣，例如，降水區、霧區、塵暴或沙暴及吹沙區、陣雨或陣雪及吹雪、雷雨或閃電或冰雹或凍雨或漏斗狀雲。另外，還有熱帶低壓或颱風或熱帶風暴等等資料。

　　高空天氣圖可提供各高空等壓面上重要天氣資訊，包括各測站等壓面高度、等高線、等溫線、等風速線、高空風向與風速、溫度與結冰高度；高壓與低壓、氣旋與反氣旋、低壓槽與高壓脊、噴射氣流等分布。

　　衛星雲圖可分為可見光（visible light）和紅外線（infrared; IR）兩種雲圖，可見光雲圖從不同的太陽光反射量，可顯示地面和各種雲的種類，尤其是大區域的積雨雲，反射量最大。較薄和較小範圍的雲，太陽光反射量較少，呈現較暗。按照反射量的大小順序排列，依次為大雷雨、新鮮白雪、厚的卷層雲、厚的層積雲、3~7 天的積雪、薄的層雲、薄的卷層雲、吹沙、森林和水面。紅外線雲圖最初係以黑、灰和白來描繪不同雲頂的溫度，其中最暖的溫度是黑色，最冷的是白色。代表黑色的溫度約為 33℃，白色約為 −65℃。事實上，

從黑色至白色共區分為 256 個色階,最暖的代表色為黑色,較涼的代表色為灰色,最冷的為白色。強化衛星紅外線雲圖(enhancement of IR images)係以 256 個色階,依特定顏色來標示特定溫度,其強化曲線可以詳細分析雪、冰、霧、雷雨、霾、吹塵或火山灰等天氣現象。同一時間,可見光和紅外線衛星雲圖相互比較,可以分辨出不同的天氣現象。衛星雲圖連續動畫(satellite loop),可以看出一系列天氣現象的移動、發展和消失,同時可以區分無雲地區的地表現象。

在氣象雷達的回波分布圖裡,降水回波強度分布,可偵測天氣系統垂直發展高度與回波強度以及水平與垂直降水強度,同時可以顯示天氣系統移動方向與速度。飛行員根據航路上雷達回波分布,可區分層狀雲或對流雲之降雨回波之消長、亮帶(bright band)高度和各種顯著危害天氣系統,諸如雷雨胞、冰雹、颮線、鋒面系統、颱風…等天氣現象。在氣象雷達的徑向風場速度分布圖裡,都卜勒氣象雷達可以偵測到以風速為單一徑向分量,得知水平、垂直不連續風變帶、鋒面帶、冷空氣厚度、風場旋轉與輻合等天氣特性,同時可看出颱風氣旋式旋轉中心位置以及大氣風場運動特性,例如,水平風向與風速、輻散場、變形場和垂直項等參數,此外,由風場速度回波特徵,可判讀風切、微爆氣流、陣風鋒面等顯著危害天氣現象。

三、晴空亂流是飛行安全一大威脅,試解釋什麼是晴空亂流?試討論晴空亂流生成的原因以及易伴隨出

現晴空亂流的天氣條件。除了晴空亂流，大氣層中還可能出現那些亂流？這些亂流經常伴隨那種天氣條件出現？（30分）

解析

什麼是晴空亂流？試討論晴空亂流生成的原因。

請參閱（2012年高考三等航空駕駛）

易伴隨出現晴空亂流的天氣條件：

噴流伴隨強烈輻散場,導致或伴隨低層旋生。

噴流上下有強烈垂直風切是晴空亂流發展最有利區域。

冷暖平流伴隨強烈風切在靠近噴射氣流附近發展,尤其在加深之高空槽,噴射氣流彎曲度顯著增加區,當冷暖氣溫梯度最大之冬天，晴空亂流最為顯著。晴空亂流在噴射氣流冷的一邊（極地）之高空槽中。

晴空亂流在沿著高空噴流且在快速加深地面低壓之北與東北方。晴空亂流在加深低壓,高空槽脊等高線劇烈彎曲地帶以及強勁冷暖平流之風切區。

大氣層中還可能出現那些亂流？這些亂流經常伴隨那種天氣條件出現？

山岳波也會產生晴空亂流,自山峰以上至對流層頂上方500ft 之間出現，水平範圍可自山脈背風面向下游延展 100 英里或以上。

請參閱（2012年高考三等航空駕駛）

四、兩個等壓面之間的氣層厚度和氣層溫度之分布有
什麼關係？飛機由暖區沿等壓面向冷區飛行時，飛
機高度會有什麼變化，為什麼？試討論之。(20 分)

解析

　　氣壓係表示在單位面積上所承受空氣柱之全部重量，地
面氣溫之高低，會影響空氣柱之冷暖和空氣密度，同時會影
響空氣柱之重量和大氣壓力，所以氣壓與高度之正常關係
（標準大氣條件下）受到影響，導致高度計所顯示之高度發
生誤差。如果地面溫度很低，空氣柱平均溫度遠低於標準大
氣之溫度時，空氣柱則壓縮，此時，實際高度低於高度計上
之顯示高度；如果地面溫度很高，空氣柱平均溫度遠高於標
準氣溫時，空氣則膨脹，此時，實際高度高於高度計上之顯
示高度。

　　飛機由暖區沿等壓面向冷區飛行時，飛機飛行之實際高
度，會因冷區空氣柱壓縮，因而越飛越低。

2005 年公務人員特種考試民航人員

考試試題

等　別：三等考試

科　別：飛航管制、飛航諮詢

一、已知某地之探空資料，請問如何決定當地之大氣穩
定度？並請說明：

（一）絕對穩定（absolute stability）

（二）絕對不穩定（absolute instability）

（三）條件性不穩定（conditional instability）。（25 分）

解析

　　根據某地所觀測到的探空資料，可得知該地大氣各層實
際的溫度遞減率（空氣每上升 1 公里，溫度實際下降多少
度），再就該地大氣各層實際的溫度遞減率與乾空氣絕熱溫
度遞減率（乾空氣每上升 1 公里，溫度下降 10℃）及濕空氣
絕熱溫度遞減率（濕空氣每上升 1 公里，溫度下降 6.5℃）
相比較，可以決定該地大氣穩定度。

　　我們讓某地空氣塊（air parcel）以絕熱上升至某一高度，
如果該空氣塊尚未飽和時，則以乾絕熱溫度遞減率（乾空氣
每上升 1 公里，溫度下降 10℃）上升；如果該空氣塊已飽和

時，則以濕空氣絕熱溫度遞減率（濕空氣每上升 1 公里，溫度下降 10℃）上升。我們可以以該地探空資料所測得實際溫度遞減率與乾空氣或濕空氣絕熱溫度上升遞減率之關係，來判定該地大氣穩定度，絕對穩定或絕對不穩定或條件性不穩定。

（一）絕對穩定：如果某地探空資料所測得實際溫度遞減率小於濕空氣絕熱遞減率時，不論空氣中所含水汽多少，乾空氣或濕空氣，如果該地空氣塊被迫以乾空氣或濕空氣絕熱溫度遞減率上升，上升到某一高度時，該氣塊溫度比周圍實際測得空氣為冷和重，當外力消失，該空氣塊立刻下沉，回復到原來的高度，因此除非有外力強迫該地氣塊上升，否則，該地空氣不會發生垂直運動，此種情形該地的大氣為絕熱穩定。

（二）絕對不穩定：如果某地探空資料所測得實際溫度遞減率大於乾空氣絕熱遞減率時，不論空氣中所含水汽多少，乾空氣或濕空氣，如果該地空氣塊被迫以乾空氣絕熱溫度遞減率上升，上升到某一高度時，該氣塊溫度比周圍實際測得空氣為暖，密度小，重量輕，浮力增大，能自動繼續上升，就像熱氣球一樣，會不斷膨脹上升，此種情形該地的大氣為絕熱不穩定。

（三）條件性不穩定：如果某地探空資料所測得實際溫度遞減率介於乾空氣絕熱溫度遞減率與濕空氣絕熱溫度遞減率之間，當時空氣中所含水汽未達飽和，氣塊被迫以乾空氣絕熱溫度遞減率上升，上升到某一高度時，該氣塊溫度比周圍實際測得空氣為冷和重，當外力消失，該空氣塊立刻下

沉，回復到原來的高度，故知該層空氣屬於穩定大氣。如果
當時空氣中所含水汽達飽和，氣塊被迫以濕空氣絕熱溫度遞
減率上升，上升到某一高度時，該氣塊溫度比周圍實際測得
空氣為暖而輕，氣塊將繼續上浮，所以知道該層空氣屬於不
穩定大氣。因此，該層空氣屬性為穩定或不穩定，端視當時
空氣中所含水汽達飽和或未飽和而定，此種情形該地的大氣
為條件性不穩定。通常標準空氣遞減率介於乾絕熱與濕絕熱
之間，其屬性為條件不穩定。

二、解釋下列名詞：（每小題 5 分，共.25 分）

（一）冷鋒（cold front）
（二）梅雨鋒（Mei-Yu fron ）
（三）不穩定線（instability line）
（四）颮線（squall line）
（五）乾線（dry line）

解析

　　（一）冷鋒：當冷暖兩氣團相遇，冷氣團移向暖氣團，
冷空氣逐漸取代暖空氣，此時，冷暖兩氣團交界面，稱之為
冷鋒。

　　（二）梅雨鋒：每年五、六月春夏交替之際，蒙古共和
國高壓冷氣團影響台灣的勢力漸漸減弱；而太平洋副熱帶高
壓暖氣團則慢慢增強，太平洋副熱帶高壓向太平洋北部移
動，範圍並向太平洋西部伸展，其勢力逐漸影響到台灣，在

台灣，此兩股冷暖氣團的勢力旗鼓相當，經常有低壓冷鋒或滯留鋒形成，此低壓冷鋒或滯留鋒移動速度緩慢或幾乎滯留數天之久，造成台灣豪雨成災，此種低壓冷鋒或滯留鋒稱之為梅雨鋒。

（三）不穩定線：係一條狹窄非鋒面線，或一條對流活動帶，稱之為不穩定線。不穩定線常形成於不穩定空氣，並在冷鋒前鋒發展。如果該狹窄對流活動帶發展成一系列的雷雨天氣，就成為颮線。

（四）颮線：移動快速的強冷鋒，冷鋒後的冷空氣強勁，移動急速，因地面摩擦力影響，緊貼地面的冷空氣受阻移動速度較慢，而高層冷空氣移動較快，繼續向前衝，鋒面楔出，形成鼻狀，經常超過地面冷鋒前數哩，在前衝楔形冷空氣與地面之夾層間，留存一團暖空氣，同時冷鋒仍舊繼續推進，於是夾層中之暖空氣愈積愈多，無法溢出，在極端情況下，該團暖空氣，衝破上方之楔形冷鋒，暖空氣猛烈向上爆發，於是緊靠冷鋒之前端產生一系列之雷雨群，即所謂颮線，可能有壞飛行天氣出現，所幸與冷鋒平行之颮線長度雖可伸展數百哩，但其寬度很少超過 40 公里（25 哩）以上者。

（五）乾線：在近地面處，空氣中的水汽含量有一明顯梯度之狹窄地帶，稱之為乾線。

三、（一）請問飛機上的高度表，如何利用氣壓值換算成飛機離地面高度？（9分）

（二）何謂高度表撥定值（altimeter setting）？（8分）

（三）為何飛行員在航程中或降落前，必須隨時設法獲得降落機場當時的撥定值？（8 分）

解析

（一）飛機起飛前，獲取氣象台高度撥定值之報告後，在飛機座艙高度計上轉動其右邊方形窗孔（Kollsman window，考爾門小窗）中之基準氣壓（reference pressure）與高度撥定值相等，則以後飛機起飛爬升所表之高度值，即為實際飛行高度。高度撥定值以海平面為基點者，通訊 Q 電碼之"QNH"代表之；以機場為基點者，通訊時之 Q 電碼用"QFE"代表之，通常採用 QNH 者較為普遍。

（二）高度撥定值為一氣壓值，此一氣壓值乃按標準大氣之假設情況，將測站氣壓訂正至海平面而得者，或訂正至機場高度而得者。高度計經正確撥定後，其所示高度符合於在標準大氣狀況下相當氣壓之高度。

（三）因全球各地區的地面天氣系統隨時隨地都會有移動，各地海平面氣壓、氣溫和濕度也跟著不停地變動。飛機上的高度計在不同時間和不同地點都因各地機場海平面氣壓時空變動而會有不同。為了要換算成飛機實際離地面真正高度，所以飛行員在航程中或降落前，必須隨時設法獲得降落機場當時的氣壓高度撥定值。

四、（一）請繪示意圖分別說明高空噴射氣流與 1.初生氣旋低壓系統 2.快速加深中之低壓系統 3.囚錮後之低壓系統之相對位置。（15 分）

（二）在前小題示意圖中，並指定晴空亂流最容易出現之位置。（10分）

解析：

（一）在高空，噴射氣流常隨高壓脊與低壓槽而遷移，不過噴射氣流移動較氣壓系統移動為快速。噴射氣流最大風速之強弱，視其通過氣壓系統之進行情況而定。

強勁而長弧形之噴射氣流常與加深高空槽或低壓下方發展良好之地面低壓及鋒面系統相伴而生。氣旋常常產生於噴射氣流之南方，並且氣旋中心氣壓愈形加深，則氣旋愈靠近噴射氣流。囚錮鋒低壓中心移向噴射氣流之北方，而噴射氣流軸卻穿越鋒面系統之囚錮點（point of occlusion）。圖1表示噴射氣流與地面氣壓系統位置之相關情況。

（二）寒潮爆發，衝擊南方之暖空氣時，沿冷暖空氣交界處噴射氣流附近一帶之天氣系統加強，晴空亂流乃在此兩相反性質氣團間以擾動能量交換之方式發展，冷暖平流伴著強烈風切在靠近噴射氣流附近發展，尤其在加深之高空槽中，噴射氣流彎曲度顯著增加之地方，特別加強發展，當冷暖空氣溫度梯度最大之冬天，晴空亂流則最為顯著。

晴空亂流最容易出現的位置，是在噴射氣流冷的一邊（極地）之高空槽中，另外較常出現的位置，是在沿著高空噴射氣流而在快速加深中之地面低壓槽之北與東北方，如圖2。

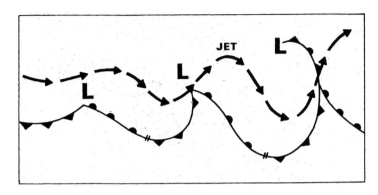

圖 1　噴射氣流與地面天氣系統相關位置圖，地面系統之初生氣旋低氣壓常在噴射氣流之南方，如圖左部分。氣旋加深，噴射氣流接近氣旋低壓中心，如圖中部分。氣旋囚錮後，噴射氣流穿越囚錮點，而氣旋低壓中心在噴射氣流之北方，如圖右部。

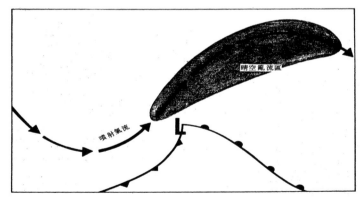

圖 2　晴空亂流常常出現之位置，係沿噴射氣流，且在快速加深中之地面低壓之北方與東北方。

2005 年公務人員簡任升官等考試試題

等　別：簡任升官等考試
類　別：飛航管制

一、台灣地形複雜，試討論颱風侵台時，在迎風面與背風面的天氣差異，以及對飛航安全之影響。

解析

　　颱風過境台灣，各地海平面氣壓劇降，強烈颱風來襲，甚至可降至 980hPa 以下。颱風經常帶來強風與豪雨，當颱風接近我們的台灣時，中央山脈高聳、地形複雜，對颱風伴隨的對流和環流結構有相當顯著的影響。颱風環流常帶來豐富的水汽，遇山抬升加強對流凝結降水，所以降水主要集中在中央山脈東側迎風面和西南方的山坡上。在迎風面（如花東地區）的天氣為風力開始增強與間歇性之陣雨下降，颱風中心更接近時，雲層加厚，出現濃密之雨層雲與積雨雲，風雨亦逐漸加強，愈近颱風暴風圈，風力愈形猛烈，會有風切亂流現象，嚴重影響飛安。當進入颱風眼中心時，風止雨停，天空豁然開朗，眼區經過某一地點約需一小時，眼過後狂風暴雨又行大作，惟風向已與未進入眼之前相反，此後距暴風圈漸遠，風雨亦減弱。颱風暴風圈接近機場或籠罩機場，常使機場被迫關閉，飛機無法起降。

颱風環流在地形背風面會產生局部渦旋，但天氣較緩和，雲層較薄，風力和雨勢較弱。在颱風暴風圈籠罩下，地形背風面仍然會有強風和豪雨，風力愈形猛烈，依然會有風切亂流現象，嚴重影響飛安。颱風中心在台灣東北海面，在台東背風地區可能出現焚風現象，高溫且乾燥。

二、什麼是高度表撥定值？飛機從暖區飛往冷區時，高度表撥定值會有什麼變化？為什麼？（20分）

解析

高度表撥定值為一氣壓值，此一氣壓值乃按標準大氣之假設情況，將測站氣壓訂正至海平面而得者，或訂正至機場高度而得者。高度計經正確撥定後，其所示高度符合於在標準大氣狀況下相當氣壓之高度。

氣溫如低於標準大氣溫度時，飛行實際高度將低於高度計所顯示的高度。

氣溫如高於標準大氣之溫度時，則飛行實際高度將高於高度計上之顯示高度。

所以飛機從暖區飛往冷區時，如果沒有適時作高度表撥定時，飛機上高度計所顯示的高度會越飛越低。

三、台灣位處季風氣候區，試比較說明冬夏季風的天氣特徵以及對飛航之影響。（20分）

解析

　　我們的台灣，橫跨北回歸線兩側，位處季風氣候區。四季之中，夏季特長，冬季通常不顯著。在季風上，台灣有明顯的冬季東北季風與夏季西南季風之更迭。東北季風開始於十月下旬，終止於翌年三月下旬，為期約五個月；西南季風開始於五月上旬，終止於九月下旬，為期約四個月，惟風速遠不及東北季風之強盛。

　　台灣每年十月至翌年三月天氣主要受亞洲大陸變性氣團（cP）左右，盛行東北季風，偶有寒潮爆發及持續性大霧，強烈冷鋒南下常伴隨寒潮爆發，影響台灣各機場會有強風出現，風向改變甚大時，也會發生低空風切亂流現象，影響飛安；濃霧降低機場能見度常造成機場跑道關閉。每年五月至九月則受太平洋熱帶海洋氣團（mT）之影響，盛行西南季風，天氣時有午後雷陣雨，間有颱風。雷雨常引發低空風切亂流或下爆氣流，可能會造成起降飛機墜毀；颱風侵襲台灣，強風和豪雨，暴風圈籠罩下，風力猛烈，天氣不穩定，會有嚴重風切亂流現象，嚴重影響飛安。颱風暴風圈接近機場或籠罩機場，常使機場被迫關閉，飛機無法起降。春、秋季則為轉換期，間有不穩定天氣發生。

四、雷雨是影響飛航安全之重要天氣現象，試說明雷雨生命期三個階段（積雲期、成熟期與消散期）之主要結構特徵，以及對飛航安全之影響。（20 分）

解析

　　請參閱（2010 年高考三等航空駕駛）

五、晴空亂流是飛行安全的一大威脅，試解釋什麼是晴
　　空亂流？討論晴空亂流形成的原因以及易伴隨出
　　現之天氣條件？（20 分）

解析

　　請參閱（2016 年民航特考航管和諮詢）

2005 年公務人員薦任升官等考試試題

類　別：飛航管制、飛航諮詢、航務管理、航空駕駛

一、試說明雷雨系統常伴隨之陣風鋒面（gust front），
下衝氣流（downdraft）以及低空風切等現象的特性
以及對飛航安全之影響。（25 分）

解析

　　在強雷雨胞之前方，低空與地面風向風速發生驟變，由
於下沉氣流接近地面時，氣流向水平方向沖瀉而形成之猛烈
陣風，成為雷雨另一種更具危險性之惡劣天氣，此種雷雨前
方伴隨陣風，即所謂的陣風鋒面。飛機在雷雨前方起飛降
落，相當危險，因為最強烈之初陣風，風速可達 100 浬/時，
風向可能有 180°之改變。但初陣風為時短促，一般初陣風平
均風速約 15 浬/時，風向平均約有 40°之改變。初陣風速度
大致為雷雨前進速度與下沉氣流速度之總和，故雷雨前緣之
風速較其尾部之風速猛烈多。通常兇猛初陣風發生於滾軸雲
及陣雨之前部，故塵土飛揚，飛沙走石，顯示雷雨來臨之前
奏。滾軸雲於冷鋒雷雨及颮線雷雨最為盛行，並且滾軸雲係
表示最強烈亂流之地帶。

　　在強雷雨下爆氣流區，下爆氣流區會有強烈的小尺度下
衝氣流到達地面，且在地面造成圓柱狀水平方向的輻散氣

流。飛機穿越此種氣流時會遭遇危險的逆風到順風的低空風速轉變帶，該風速轉變帶稱為低空風切。

　　當飛機飛進下衝氣流地面輻散場時，會先遇到頂風氣流，飛機空速相對增加，機翼浮揚力增強。待飛機過了下衝氣流中心線，隨即遭遇從機尾來的強順風，於是機上空速表急遽下降，機翼浮力不足，飛機因而失速下墜；惟此時已在進場最後階段，其高度無法使駕駛員與飛機有充分的時間反映，因而無法重飛，導致失速墜毀。

二、濃霧與低雲幕是危害飛行安全的天氣現象，試說明濃霧與低雲幕的成因以及常伴隨之天氣現象。（25 分）

解析

（一）、濃霧的成因以及常伴隨之天氣現象

　　濃霧為構成能見度之重要因素，霧為最常見且持久之危害飛安天氣之一，在飛機起降時遭遇困難最多。尤其有些霧常在幾分鐘內，使能見度自數公里陡降至半公里或以下，所造成之危害特別嚴重可怕。

　　霧的成因係細微水滴或冰晶浮游於接近地面空氣中所造成，大致與雲相同，不過霧為低雲，雲係高霧耳。其明顯區別為，霧底高度係指地面至 15.2 公尺（50 呎）間，而雲底高度則至少在地面 15.5 公尺（51 呎）以上。空中水滴或冰晶增多，使能見度降低至 4.8 公里以下，成為輕霧（light fog）；有時且降低為零，成為濃霧（heavy fog）。通常在能見度未劇急降低前，空中已浮懸大量水滴，待能見度降到 1.6 公里以下時，霧會迅速加濃。普通早晨太陽初昇之頃，霧之濃度平均最大。

霧形成之基本條件為空氣穩定，相對濕度高，凝結核豐富，風速微弱以及開始凝結時之冷卻作用，沿海地帶凝結核多，故常見霧氣；在工業區，由於凝結核特多，雖相對濕度不足 100%，但常產生持久性之濃霧。平均言之，全球出現霧之機會冬半年較夏半年多。

霧之分類，除上述成霧之基本條件外，其促成霧之原因有空氣冷卻至露點或近地面空氣中水汽增加，致使露點接近氣溫。另一種形成霧的原因，由於水汽蒸發作用，近地面空氣水份增加而形成霧。

（二）、低雲幕的成因以及常伴隨之天氣現象

雲幕為自地面向上至最低雲層或視障現象層次之垂直高度。所謂雲層，係指"裂雲（broken）"與"密雲（overcast）"而並非指"薄雲（thin）"；所謂視障係指滿天為朦朧昏暗所遮蔽，而並非指"部分不明（partial obscuration）"。故有雲幕高（cloud ceiling）與視障幕高（obscuration ceiling）之別。

雲為空中水汽凝結成為可見之群聚水滴，通常空氣受外力作用或本身冷卻，溫度低降接近露點，而導致凝結，即露點溫度與空氣溫度完全相同，空氣飽和（相對濕度為 100%），如繼續再冷卻，即有凝結發生。空中冷卻作用不外由於空氣自下層受熱產生局部性垂直對流作用，潮濕空氣自

動上升而冷卻；或整層空氣受外力強迫上升而冷卻。

　　大氣穩定程度可決定雲之種類，例如垂直對流性空氣均屬不穩定者，通常產生積狀雲之雲屬。因其為垂直對流之產物，故在積狀雲中或其鄰近均有相當程度之亂流。而在水平層狀之雲屬中，無垂直對流運動，故在層狀雲中無亂流現象。

　　若空氣係被逼上升，則雲之結構，全視該空氣上升前之穩定程度而定。例如，十分穩定之空氣被迫沿山坡上升，產生之雲，以層狀雲類居多，並且毫無亂流現象。可是不穩定空氣被迫沿山坡上升，山坡有助長垂直發展之趨勢，於是積狀雲屬生長旺盛。

三、鋒面是影響飛行安全之重要天氣現象之一，說明鋒面之種類與特性，以及鋒面天氣對飛行安全可能造成之影響。（25 分）

解析

　　請參閱（2005 年高考三等第二試航空駕駛）

四、簡述颱風的重要結構特徵，說明侵台颱風可能伴隨而影響飛航安全的天氣現象。（25 分）

解析

（一）、重要結構特徵（颱風的基本運動場和降雨場結構特徵
　　　颱風的動力結構從垂直向上氣流的特點來看，大致可分

為三層,從地面到 3 公里左右是為氣流的流入層,氣流以氣旋式旋轉向中心強烈輻合。因地面的摩擦效應,最強的流入是 1 公里以下的近地面層;從 3 公里到 8 公里的高度是以垂直運動為主的中層,氣流圍繞中心做氣旋式向上旋轉,由低層輻合流入的大量暖濕氣流,通過此層不斷地向高層輸送能量。由於強烈的垂直運動,所以該層是雲雨生成的高度;從八公里到颱風頂部的高層,氣流從中心向外流出,是為氣流的流出層。最大的流出高度約在 12 公里附近。低、中、高這三層氣流的暢通,是颱風維持的重要條件,如果高層的流出大於低層的流入,則中心氣壓降低,颱風發展;若高層的流出低於低層的流入,則中心氣壓升高,颱風減弱,最後消失。唯在處於不同發展階段的颱風,其氣流狀況略有不同。

沿颱風暴風半徑的水平方向來看,氣流的狀況亦可分成大風區、渦旋區和颱風眼等三個區域。大風區是颱風的最外圍部分,半徑約 200－300 公里,氣流以水平運動為主,風速由邊緣向內逐漸增大,多在 6－12 級之間。當大風區接近時,天氣狀況也發生變化,風力加大並伴有螺旋雲帶出現,產生降雨。

渦旋區是颱風雲牆(wall cloud)區,也是破壞力最大的部分,是圍繞著颱風眼的最大風速區,半徑範圍約 100 公里,風力經常在 12 級以上。此區域低層輻合氣流也最強盛,烏雲築成高大雲牆,形成颱風眼壁。颱風因四周空氣向內部旋轉吹入,至中心附近,氣流旋轉而有旺盛上升氣流,形成濃厚之雨層雲及積雨雲,雨勢強,降雨雲幕常低至 200 呎,愈近中心,雨勢亦愈猛。氣流在強烈對流形成雲雨的過程中,

釋放出大量的凝結潛熱，它對颱風暖心結構形成以及颱風的進一步發展提供了大量的能量。渦旋區的降臨狂風暴雨，翻山倒海，造成人民的生命財產嚴重的損失。

颱風眼是颱風的中心部分，半徑約幾公里，最大的可達數十公里。颱風眼被四周高大雲牆的眼壁所包圍。由於外圍氣流高速旋轉運動，產生強大的離心力，使得外圍氣流不能流入颱風眼。所以颱風眼內風力微弱並有氣流下沉，雲散雨停，天氣乾暖，與渦旋區氣流和天氣迥然不同。颱風眼到來僅是颱風暴虐的暫時歇息，一旦颱風眼移出之後，狂風暴雨立即捲土重來。

（二）、侵台颱風可能伴隨而影響飛航安全的天氣現象

颱風侵台台灣，各地海平面氣壓劇降，強烈颱風來襲，甚至可降至 980hPa 以下。颱風經常帶來強風與豪雨，當颱風逐漸接近臺灣，風力開始增強與間歇性之陣雨下降，颱風中心更接近臺灣，雲層加厚，出現濃密之雨層雲與積雨雲，風雨亦逐漸加強，愈近颱風中心，風力愈形猛烈，迨進入颱風眼中，則雨息風停，天空豁然開朗，眼區經過某一地點約需一小時，眼過後狂風暴雨又行大作，惟風向已與未進入眼之前相反，此後距中心漸遠，風雨亦減弱。颱風暴風圈接近機場或籠罩機場，常使機場被迫關閉，飛機無法起降。

颱風威力甚大，在陸上、海上與空中常造成災害。在颱風之前半部，因逐漸接近颱風中心，風雨特強，故較為危險；其後半部，則因逐漸遠離中心，故較為安全。颱風所經之地，原來之一般氣流如信風或盛行西風等，與颱風本身之環流每有相加或相減之作用。颱風進行方向之右側，原有之氣流與

颱風本身之氣流,方向大略相同,故風速每較強大。反之,在進行方向之左側,兩者氣流近於相反,互相抵消,故風速乃稍弱。因此其前進之右側當較危險,左側則較安全。綜合言之,北半球之颱風,右前部最危險,左後部則較安全。

　　飛行員必須避開極具危險之颱風,颱風各層高度均具危險性。颱風積雨雲頂高度在 50000 呎以上,其低層風速最強,向上遞減。在低空,由於快速吹動之空氣受地面摩擦力影響,飛機即暴露於持續而跳動之亂流中,在螺旋形雲帶(spiral bands)中,亂流強度增加,進入環繞颱風眼之雲牆中,亂流最為猛烈。

　　此外,遭遇颱風,飛機上高度計高度讀數常因於颱風外圍氣壓與颱風中心氣壓變動大而有誤差。

2005 年公務人員高等考試三級考試

第二試試題

科　別：航空駕駛

一、成熟雷暴（thunderstorm）系統三度空間結構有何
　　特徵，試說明之。並說明對飛航安全的可能影響。
　　（25 分）

解析

　　成熟雷暴系統三度空間結構特徵為下降氣流穿過上升
氣流產生最大的垂直風切，亂流最為強烈。

　　當空氣對流加強，積雲繼續向上伸展，發展成為積雨
雲，雲中雨滴雪花不斷相互碰撞，體積和重量增大，直到上
升氣流無法支撐時，雨雪才下降，地面開始下雨，如繼續下
大雨，表示雷雨已到達成熟階段。此時積雨雲雲頂有時可沖
過對流層頂。雨水下降時，將冷空氣拖帶而下，形成下降氣
流，氣流下降至距地面 1,500 公尺高度時，受地面阻擋作用，
下降氣流速度減低，使空氣向水平方向擴散，在地面形成猛
烈陣風，氣溫突降，氣壓徒升。積雨雲之氣流有上升有下降，
速度驚人，常出現冰雹和強烈亂流，雷雨強度達最高鋒。在
雷雨成熟階段，中小型飛機冒險飛進，常會遭遇積冰、亂流、
下爆氣流和低空風切，造成嚴重之飛安事件。

二、氣象站經常利用水銀氣壓計（mercury barometer）量度大氣壓力，但是必須進行一些誤差訂正，才能獲得正確的測站氣壓讀數。試說明最少三種需要訂正的誤差。並說明由測站氣壓換算成海平面氣壓需要進行之高度訂正（altitude correction）的方法。（25 分）

解析

　　機場氣象站以水銀氣壓計測得之氣壓讀數，必須經過三種訂正，順序為儀器差訂正（instrument correction）、溫度訂正（Temperature Correction）及緯度（重力）訂正（Latitude Correction），其結果方為氣象站所在地之測站氣壓（station pressure）。

　　通常每一件儀器出廠都會有少許誤差，觀測時應先做儀器訂正。由於氣溫是變動的，溫度有高低變化，所以通常溫度以 0°C 為標準，所以要作溫度訂正。因地球南北極離地心的距離比赤到道離地心的距離為近，重力前者比後者為大，即各地重力不同，以南北緯度 45° 作為標準，所以要作緯度訂正。

　　各地對流層底部，通常每升高 300 公尺（1000 呎），氣壓讀數約降低 33.9hPa（1 吋），例如氣象站海拔高度為 1500 公尺（5000 呎），當時水銀氣壓表讀數經儀器差訂正，溫度訂正及緯度訂正後之測站氣壓為 846.6hPa（25in-Hg），必須再經高度訂正，換算至海平面上，其讀數 1016.6hPa 或 30.02in-Hg（25+5.02），即為海平面氣壓（sea level pressure）。

三、鋒面接近時經常有低雲幕天氣發生，影響飛航安全。試說明鋒面的種類以及相伴隨的天氣現象，並說明鋒面如何影響飛行安全。（25 分）

解析

鋒面依冷暖氣團移動情形，區分為冷鋒（cold front）、暖鋒（warm front）、滯留鋒（stationary front）及囚錮鋒（occluded front）四種。

（一）冷鋒

冷暖兩氣團遭遇，若冷氣團移動較快，侵入較暖之氣團中並取代其地位，則此兩氣團間形成之交界線稱為冷鋒。貼近地面冷重空氣楔入暖空氣下，迫使冷空氣前端之暖空氣上升，同時地面摩擦力使前進之冷空氣移速減低，致令冷鋒坡度陡峻，於是暖空氣被猛烈而陡峭地抬升。暖空氣快速絕熱冷卻，水汽凝結成積雲與積雨雲，常有雷雨與颮線（squall lines）發生。在嚴冬季節，冷鋒與颮線比較強烈，氣溫突降，積冰現象成為飛行操作上之極嚴重問題。

冬季半年，冷暖氣團秉性差別較大，故鋒面坡度大，移速快，積冰程度嚴重，積雲與積雨雲頂雖不如夏季者高聳，但亂流仍強，有時且有猛烈雷雨出現，飛行員及領航員宜慎之戒之。

冷鋒影響飛安之天氣有

（a）冷鋒積冰（cold front icing）：飛機飛進或穿越冷鋒常遭遇積冰，尤其冬季積冰之可能性最大，

（b）冷鋒亂流與風變（wind shifts）：飛機飛近或穿越
冷鋒可遭遇猛烈陣風、強烈亂流與突然風變等危
險飛行天氣。

（c）冷鋒與能見度：飛機飛進或飛越冷鋒常遭遇之惡
劣飛行天氣，除亂流及積冰外尚有惡劣能見度之
困擾。

（二）暖鋒

　　冷暖兩氣團相遇，如暖空氣向前推進較快，迫使冷空氣
後退，而暖空氣取代冷空氣之位置，同時暖空氣爬升在冷空
氣之上，其間所形成之不連續地帶，稱為暖鋒。暖鋒坡度較
平坦，暖鋒移行速度也比較緩慢，僅及冷鋒移速之半。又暖
鋒兩側風及溫濕之不連續情況不如冷鋒之顯著。

　　暖空氣在暖鋒上慢慢爬升，其溫度徐徐絕熱冷卻，降至
露點後，空中水汽飽和，凝結成十分廣闊之層狀雲系，

（1）暖鋒上之飛行天氣有

（a）暖鋒霧（frontal fog）：暖鋒前廣闊雨區中，在暖鋒
下方接近鋒面前後有時發生濃重大霧。產生大霧
之原因，係由於暖空氣中水汽隨雨水降落於冷氣
團中，增加冷空氣中之水氣，易於飽和。如在夜
間或空氣沿山坡上升，空氣冷卻，水氣凝結成霧，
在數百哩範圍內，大霧瀰漫，產生極低雲幕及惡
劣能見度，低空飛行之飛機，務須採用儀器飛行
規則（IFR），以較長時間飛行於雲霧中，但雲層
平穩無波，極少亂流現象，如果冷空氣已降至冰
點以下，則降水變為凍雨或雨夾雪。

（b）暖鋒風變與亂流：飛機飛進或飛越暖鋒，將遭遇
風向之轉變，惟較冷鋒上之風變為輕微而溫和，
通常風變幅度約為 30°--90°，較近地面，風變較
強，但由於暖鋒之坡度平坦，風向轉變徐徐進行，
並不猛烈。暖空氣沿暖鋒向上爬升，空氣變為不
穩定，可能導致對流性之亂流，加之暖鋒前後風
向風速差別較大，鋒上高空溫度差亦大，暖鋒風
切隨之增大，由於對流與風切之雙重作用，則較
強烈之亂流應運而生。

（c）暖鋒積冰：冬季暖鋒下之冷空氣溫度概均低於
0°C，其上之暖空氣溫度在數千呎高度內則高於
0°C，暖鋒上方雲之結構及其下方降水包括雪，霰
（sleet）、凍雨（freezing rain）及雨等之分佈情形。

（三）滯留鋒

不同性質相鄰冷暖兩氣團勢力旗鼓相當，相互推移，即
相鄰兩邊不同密度之氣團各使出相反力量，其間鋒面帶呈些
微運動，或停滯不前，幾無運動，此種沒有運動之鋒稱為滯
留鋒。滯留鋒兩方所吹風向通常與鋒面平行，其坡度有時可
能較陡，得視其兩旁風場分佈及密度差別情形而定，但滯
留鋒通常均甚平淺，滯留鋒除強度較弱外，其所伴生之天氣
情況約與暖鋒者相似，惟因其停留一地不動之關係，陰雨連
綿之壞天氣可能在一地連續數日之久，也阻礙了航機之飛行
操作。

（四）囚錮鋒

低氣壓中心加深，氣旋環流加強，地面風速增大，足夠
推動鋒面前進，冷鋒以較快速度推進，追及暖鋒，並楔入暖

鋒之下部，將冷暖兩鋒間暖區（warm sector）之暖空氣完全抬升，地表上為冷鋒後之最冷空氣佔有，並與暖鋒下之較冷空氣接觸，此時在地上不見暖鋒，暖鋒被高舉即為囚錮鋒，囚錮鋒上之暖空氣如相當穩定，能形成濃厚層狀雲與穩定之降雨或降雪；囚錮鋒上之暖空氣如不穩定，由於其下冷空氣之抬舉，能形成積雨雲。

四、台灣天氣終年受季風影響，夏季為西南季風冬季為東北季風，試說明季風形成的原因，並說明伴隨季風的主要天氣現象特徵。（25分）

解析

　　我們台灣國內夏季受太平洋副熱帶高壓西伸的影響，因位處副熱帶高壓西緣，盛行西南或東南季風。冬季受西伯利亞大陸冷高壓的影響，高壓向東南移出，台灣位處高壓東南邊緣，盛行東北季風。

　　台灣冬季，常受大陸冷高壓移出，低壓和冷鋒系統隨即影響到台灣。因冬半年，冷暖氣團秉性差別較大，故鋒面坡度大，移速快，積冰程度嚴重，積雲與積雨雲頂雖不如夏季者高聳，但亂流仍強，有時且有猛烈雷雨出現，飛行員及領航員宜慎之戒之。

　　台灣夏季，因盛行西南季風，來自中國南海高溫潮濕的空氣，受中央山脈抬升的影響，常有對流行雷暴雨發生，飛行員經常遭遇積冰、亂流、下爆氣流和低空風切等惡劣天氣，造成嚴重之飛安事件。

2006 年公務人員高等考試三級考試試題

類　科：航空駕駛

一、機場都卜勒天氣雷達（Terminal Doppler Weather Radar, TDWR）的發明，對於劇烈雷暴天氣的偵測提供了非常有用的工具。試說明：（30 分）

（一）都卜勒雷達觀測原理為何？

（二）都卜勒雷達所提供之資料內容為何？

（三）都卜勒雷達如何偵測對飛航安全極具威脅性的微爆流（microburst）？

解析

（一）都卜勒雷達觀測原理為何？

　　都卜勒氣象雷達原理，係應用雷達所發射電磁波頻率與接收電磁波頻率之差，來推算目標物移動的速度。

　　利用發射與接收訊號的頻率相位變化關係特性，用以測量或識別移動目標物雷達，在氣象上，用以測量高空風之超高頻（UHF）雷達，除了可偵測目標物的反射訊號外，並還具有測量目標物的徑向移動速距離。

（二）都卜勒雷達所提供之資料內容為何？

　　都卜勒氣象雷達能提供回波強度（reflectivity）、平均徑向速度（mean radial velocity）及頻譜寬（spectral width）等

三種都卜勒雷達基本量，再經氣象演算法產生高達 40～80 種不同的雷達氣象分析產品，並以彩色圖形或數據資料方式顯示並提供給氣象預報人員使用。

（三）都卜勒雷達如何偵測對飛航安全極具威脅性的微爆流

　　都卜勒氣象雷達能提供回波強度（reflectivity）、平均徑向速度（mean radial velocity）及頻譜寬（spectral width）等三種都卜勒雷達基本量，再從複雜的平均徑向速度場分佈特徵中可以提取二維的風場結構（甚至演算出三維風場結構），來偵測微爆氣流等強烈天氣系統之位置，以及得出降水區的垂直風廓線和冷暖平流。

　　一般而言，弓形回波、超級胞與鐵砧雲所產生的微爆流強度最強。

二、試說明霧（fog）的種類以及形成的原因。為了飛航安全，有些機場採用人工消霧手段，試舉兩個消霧的方法並說明其原理。（20 分）

解析

（一）霧（fog）的種類以及形成的原因

　　請參閱（2011 年薦任升等航空管制）

（二）消霧的方法

　　人工消霧有撒播乾冰、撒播吸濕物質、加熱空氣或用直昇機擾動霧氣等方法，都可達到不同程度的消霧效果。

　　撒播乾冰使其溫度驟降，將過冷水滴轉變成冰晶，透過冰晶成長過程，使飄浮在大氣的霧滴成長，致使雨滴掉落，

霧就消散。撒播吸濕物質使霧滴成長成雨滴掉落,霧就消散。加熱空氣,原本飽和空氣變成不飽和空氣,霧蒸發而消散。用直昇機擾動霧氣,吹散霧氣。但是,人工消霧只能達到暫時性的效果,對於長時間盤踞於一個地方的霧、或是大規模的霧,人們還是對它束手無策。

三、簡答題:(每小題 5 分,共 30 分)

　　(一)條件性不穩定大氣(conditional unstable atmosphere)

　　(二)過冷水滴(super cool liquid water)

　　(三)颮線(squall line)

　　(四)折射指數(refractive index)

　　(五)晴空亂流(clear air turbulence)

　　(六)囚錮鋒(occluded front)

解析

(一)條件性不穩定大氣

　　大氣各層實際遞減率與乾絕熱遞減率及濕絕熱遞減率相比較,可以決定該層大氣之穩定程度。假設一團空氣塊,如未飽和時,沿乾絕熱線上升而降溫(每上升 1 公里,氣溫降 $10°C$)且氣塊未飽和狀態,氣塊的氣溫都比實際空氣為低,氣塊則一直保持穩定空氣。如氣塊沿乾絕熱線上升而降溫,當氣塊變成飽和狀態,氣塊改沿濕絕熱線上升而降溫(每上升 1 公里,氣溫降 $6.5°C$),當氣塊的氣溫都比實際空氣為

高，氣塊變成不穩定空氣。換言之，若一層空氣之實際遞減率在乾絕熱遞減率與濕絕熱遞減率之間，若空氣未飽和，被迫循乾絕熱上升，空氣較周圍空氣為冷而重，結果下沉仍回復原位，故知此層空氣遞減率為穩定。若空氣為飽和，循濕絕熱上升，空氣較周圍空氣暖而輕，結果繼續上浮，故知此層空氣遞減率為不穩定。換言之，一層空氣遞減率之穩定與否，端視空氣泡和與否為依歸，此種情形稱為條件性不穩定。

（二）過冷水滴

水汽在凝結核上進行凝結或昇華時，液體水質點或固體冰質點開始產生。無論其質點為水或冰，並非完全以溫度作衡量，因為液體水可在冰點以下之溫度環境中存在，而不凍結，此種情況之水份稱為過冷水。當過冷水滴被物體所衝擊時，即能引起凍結。飛機飛行於過冷水之大氣，常因飛機的衝擊而產生飛機積冰現象。

（三）颮線

颮線係一條狹窄非鋒面線，或係一條對流活動帶，如果發展成一系列之雷雨天氣，則這條線就是颮線。颮線形成於潮濕不穩定空氣中，可能遠離任何鋒面，而常在冷鋒前方發展。

因急移冷鋒後之冷空氣行動快捷，地上摩擦力將緊貼地面之冷空氣及冷鋒向後拉，而較高層冷氣則仍向前衝，鋒面楔出形成鼻狀，常超過地面冷鋒位置前數哩，在前衝楔形冷空氣與地面夾層中留存一團暖空氣，同時冷鋒仍舊繼續推進，於是夾層中之暖空氣愈積愈多，無法溢出，在極端情況下，該團暖空氣，衝破上方之楔形冷鋒，暖空氣猛烈向

上爆發，於是緊靠冷鋒之前端產生一系列之雷雨群，即所謂
颮線。

（四）折射指數

能量傳播時，因所經介質內之密度改變或通過兩種介質
間密度不連續之交界面時，所造成能量傳播方向之改變。前
者，射線在一定距離內發生均勻之彎曲。後者，因能力通過
一層厚度較輻射波長為薄之交界層而發生折射指數之改
變，故折射呈突然之轉變，不連續至為明顯。說明折射能突
變性質之定律有二：第一定律指出折射線及入射線與交界面
上入射點之法線在同一平面上，折射線與入射線分別位於交
界面之兩側；第二定律指出入射角之正弧與折射角正弧之比
值為一常數，等於兩介質折射指數之比值。

（五）晴空亂流

請參閱（2012 年高考三等航空駕駛）

（六）囚錮鋒

低氣壓中心加深，氣旋環流加強，地面風速增大，足夠
推動鋒面前進，冷鋒以較快速度推進，追及暖鋒，並楔入暖
鋒之下部，將冷暖兩鋒間暖區（warm sector）之暖空氣完全
抬升，地表上為冷鋒後之最冷空氣佔有，並與暖鋒下之較冷
空氣接觸，此時在地上不見暖鋒，暖鋒被高舉即為囚錮鋒。

四、影響台灣的颱風主要生成區域有那些？其路徑大
　　約可分為幾類？試說明影響颱風路徑的主要因素
　　有那些？（20 分）

解析

（一）影響台灣的颱風主要生成區域

　　影響台灣的颱風主要生成區域，大多數形成於西太平洋加羅林群島（Caroline lslands）至菲律賓群島以東之熱帶洋面；中國南海亦為颱風發生地之一，惟發生次數不多，威力亦較小。

（二）颱風路徑

　　颱風侵台的路徑可大致分為九大類型：

第一類：通過台灣北部海面向西或西北進行

第二類：通過台灣北部向西或西北進行

第三類：通過台灣中部向西或西北進行

第四類：通過台灣南部向西或西北進行

第五類：通過台灣南方海面向西或西北進行

第六類：沿東岸或東部海面北上

第七類：沿西岸或台灣海峽北上

第八類：通過台灣南方海面向東或東北進行

第九類：通過台灣南部向東或東北進行者

（三）影響颱風路徑的主要因素

　　影響颱風路徑的最主要機制是「駛流場」，颱風形成後常常受太平洋高壓氣流（順時鐘方向）的導引，沿著高壓南緣向西或西北西方向行進。至於在台灣附近的氣流走向，則須視太平洋高壓的強度、位置而定。當太平洋高壓夠強時，台灣附近盛行偏東風，颱風會直接西行通過台灣附近；反之，當太平洋高壓強度較弱時，台灣附近將盛行偏南風，颱風路徑會轉向偏北，朝日本方向移動。

當原本勢力強盛的太平洋高氣壓逐漸減弱，而有中緯度天氣系統移近颱風環流附近時，颱風路徑也會受影響而出現變化。此外，地形、雙颱風互相牽引、地球自轉效應等都會影響颱風動向。

中緯度天氣系統的空間尺度可達數千公里，沿著中緯度西風帶自西向東移動，它的結構在低層就是鋒面，在高層則為一道高層槽，槽的後方盛行西北風，槽的前方盛行西南風。中緯度天氣系統或高層槽常在每年的秋、冬及初春影響台灣的天氣，對台灣附近颱風的影響，較容易出現在暖冷交替的秋季。此高層槽所涵蓋的空間範圍比颱風大很多，因此，當有高層槽移近颱風環流附近時，該颱風高層環流將受到槽前西南風的牽引，使原本向西北運動的路徑，漸漸轉北，然後再轉向東北。

2006 年公務人員特種考試民航人員

考試試題

等　別：三等考試

科　別：飛航管制、飛航諮詢

一、天氣惡劣時，可能飛機無法起飛，必須關閉機場：

（一）試寫出三種可能造成機場關閉的惡劣天氣。

（二）分別說明這三種天氣發生前，要如何分析氣象的要素，來預測或警告，以提醒飛航人員注意。

解析

（一）通常可能造成機場關閉的惡劣天氣有雷雨、低雲幕與低能見度等三種。

1.雷雨

　　雷雨是大氣在極端不穩定狀況下，所產生的劇烈天氣現象，它常伴隨強風、暴雨、亂流、低雲幕、下爆氣流、低空風切和低能見度等惡劣天氣，飛機飛入猛烈雷雨中，機身時而遭受上升氣流將其抬高，時而碰到下降氣流行將其摔低，冰雹打擊，雷電閃擊，機翼或邊緣積冰，雲霧迷漫，能見度低劣，機身扭轉，輕者飛行員失去控制飛機之能力，旅客暈

機發生嘔吐不安現象；重者機體破損或碰山，或墜毀之空難事件，時有所聞。它對飛機起降構成威脅，常造成機場跑道關閉，飛機暫時無法起降的現象。

雷雨大體可分為兩類，一為鋒面雷雨，另一為氣團雷雨。在我們台灣國內各地區所發生雷雨，每年自 3 月起開始增加，到 7、8 月達最為頂盛；其中 3～6 月間的雷雨多屬鋒面雷雨，7～9 月間者多為氣團雷雨。鋒面雷雨主要是動力因素所造成，為鋒面前西南氣流從南中國海帶來高溫濕空氣，隨後冷鋒面接近台灣，暖濕空氣被鋒面抬升，引起強烈對流，激發雷雨的產生。雷雨常出現在鋒面附近，在鋒面前出現者亦時有所見，其發生時間並無一定，可出現在白天，亦可出現在夜晚。台灣國內各地區在梅雨季節裏，當梅雨鋒面很活躍時，常出現大雷雨，且持續時間往往可達數小時，常造成豪雨成災。

氣團雷雨又稱熱雷雨，常發生在夏季午後 2、3 點鐘的時候，主要是因為熱力作用產生的。台灣國內各地區的夏天是在熱帶海洋性氣團控制之下，白天由於日射使局部地區空氣發生對流性不穩定現象，因而常發生雷雨，惟此種雷雨多屬局部性。

2.低雲幕 3.低能見度

低雲幕（low ceilings）與低能見度（poor visibilities）是造成多數飛機失事原因之一，它們對於飛機起飛降落之影響，比其他惡劣天氣因素更為多見。當低雲幕和低能見度降至飛機起降最低天氣標準時，也是造成機場跑道關閉，飛機暫時無法起降的現象。

（二）要如何分析氣象的要素，來預測或警告，以提醒飛航

人員注意

1.雷雨

通常從機場飛行定時天氣報告（aviation routine weather report；METAR）和飛行選擇特別天氣報告（aviation selected special weather report；SPECI）中電碼組現在天氣現象有雷雨或附近有雷雨，天空狀況有積雨雲（cumulonimbus；CB），補充資料及未來 2 小時趨勢預報（trend-type forecast）有關雷雨方位和移動方向及未來雷雨強弱趨勢。

從機場天氣觀測資料，分析氣象要素，和地面雷達回波資料，可預測或警告，以提醒飛航人員注意。

2.低雲幕 3.低能見度

下列低雲幕和低能見度形成與發展之條件，可預測或警告雲幕和低能見度之發生，可提供飛航人員之參考，並可提醒飛航人員注意，隨時提高警覺，以確保飛航安全。

(1) 黃昏時刻，天氣晴朗，靜風或微風，溫度露點差等於或小於 8℃（15℉），翌日清晨將發生輻射霧。

(2) 當溫度和露點溫度相差很小，且連續降雨或毛毛細雨時，會有霧氣發生。

(3) 當氣溫和露點溫度差距等於或小於 2.2℃（4℉）且續減時，會有霧氣發生。

(4) 冷風吹向溫暖的水面上時，會產生蒸氣霧。

(5) 溫暖且潮濕的氣流吹向寒冷地面時，會有霧氣發生。

(6) 氣流沿山坡向上舉升，且溫度露點差逐漸減少，空氣水汽達飽和時，將有霧氣與低雲發生。

（7）雨或毛毛雨降落穿過較冷空氣時，將會形成霧。
尤其在寒冷季節，暖鋒前方與滯留鋒後方或停留
不動之冷鋒後面，霧氣會特別盛行。

（8）低層潮濕空氣流爬上淺冷氣團上空時，會產生低雲。

（9）高氣壓系統停滯於工業區地帶時，會產生霾與
煙，並導致惡劣能見度。

（10）下雪或毛毛雨時，能見度會降低。

（11）當空氣穩定，風力微弱，天空晴朗或為層狀雲所
掩蔽時，在工業區或他種產煙地區，將會有煙霾
發生。

二、從台灣起飛到日本的飛機，經常會碰到高空噴流，
甚至遭遇亂流的威脅：

（一）說明這高空噴流是否有季節性？詳細解釋
之。（10分）

（二）高空噴流很顯著時，地面天氣圖有什麼特殊
的天氣系統？請你解釋說明推測的理由。
（10分）

解析

當噴射氣流與極鋒伴生時，噴射氣流係位於暖空氣中，
並位於極地氣團與熱帶氣團間最大溫度梯度之南緣中或沿
著南緣一帶。靠近噴射氣流核心之高度層或高度層以下，氣
溫向極地方向減低，在噴射氣流核心高度層以上，氣溫常在
熱帶之一方較低。

146

　　噴射氣流出現之頻率，似無顯著的季節性變化，冬夏兩季出現次數相差無幾。不過在中高緯度，極鋒因冬夏季節而南北位移，噴射氣流平均位置亦隨之南北移動，冬季南移，夏季北移，並且冬季強於夏季。

　　在高空，噴射氣流常隨高壓脊與低壓槽而遷移。不過噴射氣流移動較氣壓系統移動為快速。其最大風速之強弱，視其通過氣壓系統之進行情況而定。強勁而長弧形之噴射氣流常與加深高空槽或低壓下方發展良好之地面低壓及鋒面系統相伴而生。氣旋常常產生於噴射氣流之南方，並且氣旋中心氣壓愈形加深，則氣旋愈靠近噴射氣流。囚錮鋒低壓中心移向噴射氣流之北方，而噴射氣流軸卻穿越鋒面系統之囚錮點（point of occlusion）。修長之噴射氣流為高空大氣層冷暖空氣邊界之指標，為卷狀雲類（cirriform clouds）容易形成之場所。

　　每當寒潮爆發時，冷空氣南移，碰到南方的暖空氣時，沿冷暖空氣交界處噴射氣流附近，天氣系統將迅速加強，晴空亂流就在此兩種不同性質的氣團間，以擾動方式迅速交換能量，於是冷暖平流伴隨著強烈風切就在靠近噴射氣流附近發展，尤其在加深之高空槽和噴射氣流彎曲度顯著、或者冷暖空氣溫度梯度最大等等區域，都是出現晴空亂流最為顯著的地方。冬半年日本地區經常於南北兩支極地和副熱帶噴射氣流會合區域，地面有很深低壓正在發展時，在高空就會有晴空亂流發生。

三、飛機的高度無法用皮尺來度量，我們如何決定飛機的高度呢？

　　（一）請指出需要觀測那些要素？
　　（二）敘述如何計算出飛機的高度來？
　　（三）說明計算公式是依據什麼原理得來？
　　（四）這樣的推演計算之主要誤差來源在那裡？

解析

　　氣壓與高度關係並非常數，高度仍受地面氣壓之影響，因此氣壓高度計須隨地面氣壓之變化加以訂正，才能顯示真實高度。

　　海平面或陸地上任何海拔高度因氣壓變化而發生高度高度計（根據標準大氣而製作）上高度之誤差，經利用高度高度撥定值修正後，得出比較近似之實際高度。但是如果當時大氣溫度與標準大氣溫度間有差別時，高高度計仍然會產生誤差，雖然其誤差值比較不大，唯在理論上，高度計因溫度變化發生誤差之事實仍然存在。

　　決定飛機的高度需要觀測海平面氣壓和氣溫。大氣壓力隨高度增加而降低，大致依指數函數遞減。任何地點任何時間均不可能出現標準大氣，自低空向上，氣壓遞減率並非一致，其變化與對流層內大氣密度和垂直溫度分布之變化有密切關係，根據下列公式即知：

　　先取用流體靜力方程式

　　$\rho g dz = -dp$...（1）

將 ρ= P/RT 代入（1）式，得

dz = -（RT/gp）dp ....（2）

自（2）式可知增加高度 dz 與減低氣壓 dp 之關係，其負號表示氣壓降低之意。R 與 g 用 C.G.S.數值，則 dz 單位應為 cm，如用 30.5 除之，則 dz 單位變為呎。設 dp=1，則式（2）為

dz =（$2.87*10^6/980*30.5$）*（T/P）=96（T/P）...（3）

即氣壓降減 1hpa，相當於增加高度之呎數為 96（T/P）。式（3）中 T 為絕對溫度（273+$^{\circ}$C），p 為氣壓（hPa）值。另外表示氣壓與高度關係之計算方法，可用不同高度之氣壓值（p_1 與 p_2）計算大氣層之厚度，或已知底層氣壓 p_1 之高度 h_1，可求出氣壓層 p_2 之高度 h_2

$$\int_{h1}^{h2} dz = -（RT/g）\int_{p1}^{p2} dp/p$$

或 h_2- h_1=（RT/g）（$\log_e p_1$- $\log_e p_2$ ....（4）

式（4）與式（3）用相用單位，R/g 仍為 96，如將對數之底數 e 改變底數為 10，則換算因數 2.303 必須計入，因此得出

h_1- h_2=221.1T（$\log_e p_1$-$\log_e p_1$）..............................（5）

當絕對溫度 T 不為常數時，T 可視為 P_1 與 P_2 兩氣壓層間之平均溫度。故利用式（5）可自兩不同高度求出氣壓差值，亦可自不同氣壓層求出高度差值（厚度）。

自海平面起，將連接兩層氣壓代入式（5），求出厚度，

並用同一方法連續向上層求出最高一層之厚度，最後將各層厚度連續相加，即得總厚度，亦即最高氣壓層之高度。惟式（5）溫度 T 為連接兩層之平均溫度，故在理論上所求出之厚度並不十分精確，僅係近以值而已。

高度計實際上是一具精確而靈敏之空盒氣壓計，是根據國際民航組織標準大氣之條件，將氣壓刻度換算成高度刻度，在各種類型之飛機駕駛艙裡，均有高度計之設置，其靈敏度甚高，雖僅數呎之高度變化，亦能記錄出來。

在標準大氣條件下，根據氣壓與高度的關係，將大氣壓力換成相對高度。換言之，任何氣壓換成相對高度時之情況，必需符合標準大氣條件，否則高度計上所顯示的高度並非實際高度（real altitude）。但事實上標準大氣壓所具之條件絕少出現，所以高度計讀數必需經過適當校正方能得出實際高度。是故飛行員應切記機艙裡高度計讀數，係基於一種假想氣壓與高度關係之示度，並非實際高度也。

四、鋒面來臨前後，天氣有相當的改變：

（一）請以示意圖解釋上爬冷鋒與下滑冷鋒，並比較這兩種鋒面過境前後，天氣與天空雲狀的變化有何不同？（10 分）

（二）比較梅雨鋒與寒潮冷鋒結構上的差異，並說明兩者造成飛航安全威脅有何不同？（10 分）

解析

（一）請以示意圖解釋上爬冷鋒與下滑冷鋒，並比較這兩種

　　鋒面過境前後，天氣與天空雲狀的變化有何不同？

　　冷暖兩氣團相遇，若冷氣團移動較快，侵入較暖之氣團中，並取代其地位，則此兩氣團間形成之交界面稱之為冷鋒。冷鋒可分為急移冷鋒（fast moving cold front）與緩移冷鋒（slow moving cold front）兩小類，移行速度最快之急移冷鋒，每小時為 96 公里（60 哩）以上，正常之移動速度約少於每小時 48 公里（30 哩），普通冷鋒冬季移速較夏季者為迅速。

（1）上爬冷鋒（anabatic fronts; anafronts; upslope flow）

　　當緩移冷鋒移向暖氣團後，重而冷之空氣楔入暖的空氣之下，輕而暖的空氣則爬上冷而重的空氣，兩者之間所形成的鋒面，鋒面淺平，坡度不大，此種鋒面稱之為上爬冷鋒，如圖 1a 之示意圖。上爬冷鋒之鋒面坡度平淺，鋒面兩側氣團間之風速差別小。上爬冷鋒通過之後，雲幕範圍寬闊，廣大的下雨區，常構成低雲和大霧等現象。下雨使冷空氣中之濕度上升，而達飽和狀態，可能造成廣大地區有低雲幕與壞能見度之天氣。假如近地面溫度在冰點以下，高空有比較暖的空氣，氣溫在冰點以上時，其降水則以凍雨或以冰珠的形態降落。然而，如高空有比較冷的空氣，氣溫在冰點以下時，其降水則以雪花形態降落。上爬冷鋒或緩移冷鋒遭遇穩定暖空氣與潮濕而條件性不穩之暖空氣時，因冷鋒移速較慢，其坡度不大，徐徐抬升暖空氣，積雲與積雨雲在暖空氣中自地面鋒之位置向後伸展頗廣，故惡劣天氣輻度較寬。暖空氣為穩定者，在鋒面上產生之雲形為層狀雲。而暖空氣為條件性不穩定者，在鋒面上產生之雲形為積狀雲，並常有輕微雷雨

伴生。層狀雲常產生穩定降水，有輕微亂流；而積狀雲則產生陣性降水，亂流程度較劇。

（2）下滑冷鋒（katabatic fronts; katafronts; downslope flow）

　　當急移冷鋒移向暖氣團後，重而冷之空氣楔入輕而暖的空氣之下，兩者之間形成鋒面，由於接觸地面之空氣被地面摩擦力向後拉，鋒面下部形成鼻狀，以致於鋒面之下部坡度十分陡峻，此種鋒面又稱之為下滑冷鋒，如圖 1b 之示意圖。下滑冷鋒之鋒面坡度陡峻，通常鋒面兩側氣團間之風速差別大。下滑冷鋒有陡峻之坡度，鋒面移行速度快速，僅有狹窄帶狀雲層和陣性降水。但是，當鋒面兩側氣團性質懸殊，空氣含水量充足，暖氣團為條件不穩定，並且冷氣團急速移向暖氣團時，則沿鋒面附近一帶常有十分惡劣之雷雨天氣發生，為害飛行操作自不待言。強烈冷鋒概自西北或西南移向東、東北或東南方向。冬季冷鋒來臨前後發生惡劣嚴寒天氣，有時並出現塵暴（dust storms），鋒面過後，則隨之轉為乾冷天氣。下滑冷鋒更屬於教科書所謂典型標準的冷鋒，標準冷鋒過境時所發生之天氣過程為在暖氣團裡，冷鋒之前，最初吹南風或西南風，風速逐漸增強，高積雲出現於冷鋒之前方，氣壓開始下降，隨之雲層變低，積雨雲移近後，開始降雨，冷鋒愈接近，降雨強度愈增加，待鋒面通過後，風向轉變為西風、西北風或北風，氣壓急劇上升，而溫度與露點速降，天空很快轉為晴朗的天氣。至於其雲層狀況，則視暖氣團之穩定度及水汽含量而定。下滑冷鋒或急移冷鋒遭遇不穩定濕暖空氣，由於鋒面移動快，在高空接近鋒面下方，空氣概屬下沉，在地面上冷鋒位置之前方，空氣概屬上升，大

部分濃重積雨雲及降水均發生於緊接鋒面之前端，此種下滑冷鋒或快移冷鋒常有極惡劣之飛行天氣伴生，惟其寬度頗窄，飛機穿越需時較短。

（二）比較梅雨鋒與寒潮冷鋒結構上的差異，並說明兩者造成飛航安全威脅有何不同？

1. 梅雨鋒

台灣在每年五、六月，由於西伯利亞或蒙古共和國冷高壓逐漸減弱，而太平洋副熱帶暖高壓漸漸增強，其勢力逐漸向北移和向東伸展至台灣，兩股勢力相當，各自時有進退。有時候，北方殘餘的冷氣團會往東南方向移出，低壓和冷鋒系統緩慢移到台灣，偶而會在台灣附近滯留，此種鋒面，稱之為梅雨鋒。類似於上爬冷鋒，它具有暖空氣沿著傾斜的冷鋒面向上爬升運動，因而產生冷鋒後廣闊的雲區和降水區。上爬冷鋒鋒後廣闊的雲區和降水區，將增強雨量和雪量；且極端地改變最高和最低溫度，並延長飛機積冰的條件。上爬冷鋒通過後，氣溫急速大幅下降；相對濕度高，但輕微下降；雲慢慢轉晴；鋒後有穩定性中至大雨；鋒後風向急速轉變，風速減弱。

梅雨鋒鋒面坡度平淺，其結構類似上爬冷鋒。梅雨鋒鋒面兩側氣團間之風速差別小。梅雨鋒通過之後，雲幕範圍寬闊，廣大的下雨區，常構成低雲和大霧等現象；因梅雨鋒，降雨時間長，往往造成臺灣豪雨成災。下雨使冷空氣中之濕度上升，而達飽和狀態，可能造成廣大地區有低雲幕與壞能見度之天氣。梅雨鋒遭遇穩定暖空氣與潮濕而條件性不穩之暖空氣時，因冷鋒移速較慢，其坡度不大，徐徐抬升暖空氣，

積雲與積雨雲在暖空氣中自地面鋒之位置向後伸展頗廣，故惡劣天氣輻度較寬。暖空氣為穩定者，在鋒面上產生之雲形為層狀雲。而暖空氣為條件性不穩定者，在鋒面上產生之雲形為積狀雲，並常有輕微雷雨伴生。層狀雲常產生穩定降水，有輕微亂流；而積狀雲則產生陣性降水，亂流程度較劇。

2. 寒潮冷鋒

台灣冷鋒自晚秋開始增強，至冬季強度達最高峰後，轉趨衰微。因值此冬季半年，冷暖氣團秉性差別較大，故鋒面坡度大，移速快，偶而會有西伯利亞或蒙古共和國強烈冷氣團移出，鋒面坡度甚大，冷鋒抵達臺灣，台灣各地溫度劇降，此種鋒面，稱之為寒潮冷鋒。

寒潮冷鋒移動急速，鋒面坡度大，其結構類似下滑冷鋒，當寒潮冷鋒移向暖氣團後，重而冷之空氣楔入輕而暖的空氣之下，兩者之間形成鋒面，由於接觸地面之空氣被地面摩擦力向後拉，鋒面下部形成鼻狀，以致於鋒面之下部坡度十分陡峻。寒潮冷鋒之鋒面坡度陡峻，通常鋒面兩側氣團間之風速差別大。寒潮冷鋒有陡峻之坡度，鋒面移行速度快速，僅有狹窄帶狀雲層和陣性降水。但是，當鋒面兩側氣團性質懸殊，空氣含水量充足，暖氣團為條件不穩定，並且冷氣團急速移向暖氣團時，則沿鋒面附近一帶常有十分惡劣之雷雨天氣發生，為害飛行操作自不待言。強烈冷鋒寒潮冷鋒概自西北或西南移向東、東北或東南方向。冬季冷鋒來臨前後發生惡劣嚴寒天氣，有時並出現塵暴，鋒面過後，則隨之轉為乾冷天氣。寒潮冷鋒過境時，所發生之天氣過程為在暖氣團裡，冷鋒之前，最初吹南風或西南風，風速逐漸增強，

高積雲出現於冷鋒之前方，氣壓開始下降，隨之雲層變低，積雨雲移近後，開始降雨，冷鋒愈接近，降雨強度愈增加，待鋒面通過後，風向轉變為西風、西北風或北風，氣壓急劇上升，而溫度與露點速降，天空很快轉為晴朗的天氣。至於其雲層狀況，則視暖氣團之穩定度及水汽含量而定。寒潮冷鋒鋒面移動快，在高空接近鋒面下方，空氣概屬下沉，在地面上冷鋒位置之前方，空氣概屬上升，大部分濃重積雨雲及降水均發生於緊接鋒面之前端，此種寒潮冷鋒常有極惡劣之飛行天氣伴生，惟其寬度頗窄，飛機穿越需時較短。

寒潮冷鋒受地面摩擦力之影響，靠近地面之冷鋒部分，前行緩慢，以致鋒面坡度陡峻，同時整個冷鋒移速快，冷鋒活動力增強，如果暖空氣水份含量充足而且為條件不穩定者，則在鋒前有猛烈雷雨與陣雨，有時一系列雷雨連成一線，形成鋒前颮線，颮線上積雨雲益加高聳，兇猛之亂流雲層，直衝霄漢，寒潮冷鋒鋒前颮線，常有強烈亂流發生，嚴重威脅飛航安全。但隨寒潮冷鋒過境之後，低溫與陣風亂流同時發生，瞬時雨過天晴，天色往往頃刻轉佳。

寒潮冷鋒貼近地面，冷重空氣楔入暖空氣下，使楔狀冷空氣前端之暖空氣上升，同時地面摩擦力使前進之楔狀冷空氣移速減低，致令冷鋒坡度陡峻，於是暖空氣被猛烈而陡峭地抬升。暖空氣快速絕熱冷卻，水汽凝結成積雲與積雨雲，常有雷雨與颮線（squall lines）發生。在嚴冬季節，寒潮冷鋒與颮線比較強烈，氣溫突降，積冰現象成為飛行操作上之極嚴重問題。

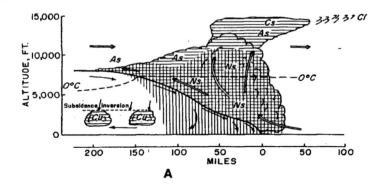

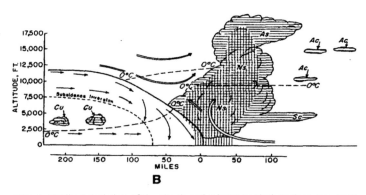

FIG. 1. Idealized depiction of the clouds and relative vertical motions associated with (a) anafronts and (b) katafronts (Air Weather Service Manual 1969; adapted from Godske et al. 1957, p. 526–530).

圖 1（a）上爬冷鋒，（b）下滑冷鋒結構之示意圖

2007 年公務人員特種考試民航人員

考試試題

等 別：三等考試
科 別：飛航管制

一、高空噴流（jet stream）的位置、強度和飛航路徑的
選擇關係密切，說明：
（一）為什麼中緯度的高空噴流一般會出現在對流
層附近？（12 分）
（二）為什麼中緯度高空噴流的空間分布在不同經
度區會有很大之差異？（13 分）

解析

噴射氣流係一股強勁而狹窄之高空氣流，集中於對流層之
上方或平流層中近乎水平之軸心上，具有很大之垂直與水平風
切，以及一個或一個以上之最大風速。通常有數千哩之長度，
數百哩之寬度，以及數哩之厚度。

（一）為什麼中緯度的高空噴流一般會出現在對流層附近？

噴射氣流一般會出現在靠近於對流層頂附近，因為該地
區溫度差最大之故。噴射氣流通常與冷鋒或高空寒潮爆發相
伴，噴射氣流位於極地對流層頂之末端，與熱帶對流層頂之

下方約 5000 呎，其最大風速核心高度鄰近 35000 呎。所以修長之噴射氣流為高空大氣層冷暖空氣邊界之指標，為卷狀雲類（cirriform clouds）容易形成之場所。

（二）為什麼中緯度高空噴流的空間分布在不同經度區會有很大之差異？

　　因為中緯度高空噴射氣流常隨不同經度區之高壓脊與低壓槽而遷移，且噴射氣流移動較氣壓系統移動為快速，其最大風速之強弱，視其通過氣壓系統之進行情況而定。強勁而長弧形之噴射氣流常與加深高空槽或低壓下方發展良好之地面低壓及鋒面系統相伴而生。氣旋常常產生於噴射氣流之南方，並且氣旋中心氣壓愈形加深，則氣旋愈靠近噴射氣流。囚錮鋒低壓中心移向噴射氣流之北方，而噴射氣流軸卻穿越鋒面系統之囚錮點（point of occlusion）。又因極鋒噴射氣流常與盛行西風帶隨伴而生，在中緯度寒潮爆發時，會促進噴射氣流形成或增進其強度。南下冷空氣使極地對流層頂降低高度，亦即在寒潮爆發地帶會加大中緯度對流層頂之坡度，故噴射氣流之增強與極鋒移動和極鋒位置有關。

二、濃霧常嚴重影響飛機的起飛和降落，試比較說明輻射霧、平流霧以及蒸氣霧之特性以及形成原因之差異。（25 分）

解析

　　請參閱（2011 年薦任升等航空管制）

三、溫度和氣壓的分布直接影響飛機飛行途中的氣壓
　　高度判斷，
　　（一）說明冷區和暖區的氣壓隨高度之變化特性有
　　　　　何差異？為什麼？（10 分）
　　（二）飛機從暖區飛往冷區時，維持在同一氣壓的
　　　　　飛行路徑，高度會有什麼變化？利用高度表
　　　　　撥定值時要注意什麼？（15 分）

解析

（一）說明冷區和暖區的氣壓隨高度之變化特性有何差
　　　異？為什麼？

　　一地之氣壓係表示在單位面積上所承受空氣柱之全部
重量，地面氣溫之高低，會影響空氣柱之冷暖，影響空氣密
度，影響空氣柱之重量，間接影響大氣壓力。因此在標準大
氣條件下氣壓與高度之正常關係也受到影響，以致於高度計
所顯示高度會發生誤差。

　　空氣柱在冷區之平均溫度若低於標準大氣之溫度（15
℃），空氣柱將會壓縮，空氣柱在冷區，氣壓隨高度之遞減
率則大於標準大氣溫度空氣柱之氣壓遞減率（33.9 百帕/300
公尺或 1 吋-汞柱/1,000 呎），因此實際高度低於標準大氣高度
計上之顯示高度。相反地，空氣柱在暖區之平均溫度若高於
標準大氣溫度，空氣柱將會膨脹，空氣柱在暖區，氣壓隨高
度之遞減率小於空氣柱在標準大氣溫度下之氣壓遞減率，因
此實際高度高於標準大氣高度計上之顯示高度。

（二）飛機從暖區飛往冷區時，維持在同一氣壓的飛行路徑，高度會有什麼變化？利用高度表撥定值時要注意什麼？

　　飛機從暖區飛往冷區時，維持在同一氣壓的飛行路徑，高度會越飛越低，因此利用高度表撥定值時，要注意實際高度比高度計所顯示的高度為低。

　　通常飛機飛往一地，其空氣柱平均溫度與標準大氣溫度每相差 $11^\circ C$（$20^\circ F$），會發生 4%的顯示高度誤差，即每相差 $5^\circ F$，顯示高度將會相差 1%。換言之，溫度變化之幅度愈大，高度計上顯示高度所發生之誤差亦愈大。根據氣候資料，氣溫變化幅度最劇烈在溫帶，尤其溫帶北緣或沙漠區域更為明顯。飛行員在嚴冬天氣情況下採用儀器飛行規則飛行於高山峻嶺中，若不注意校正因低溫度而發生之高度計誤差，而不保持確切地形隔離時，常遭致撞山之危險。飛機降落時或許多飛機在空中以指定高度飛行互相保持垂直隔離時，就不考慮因氣溫變化而發生顯示高度之誤差。因為飛機逐漸下降，其由溫度變化所發生之高度誤差也逐漸減小，待降落跑道時，誤差已不復存在。又許多飛機各自以指定高度飛行，在天空中自飛機均發生同樣誤差，不致於有互撞之虞。但是飛行員仍應加以注意者，當飛機採用儀器飛行規則，飛行於崇山峻嶺中，必需考量溫度變化，使飛行高度確切保持地形間隔，方不致有誤。

四、都卜勒氣象雷達是機場天氣觀測之重要儀器，

（一）說明都卜勒速度的意義。（10分）

（二）說明龍捲風在都卜勒速度場以及回波場會
出現什麼特徵？（10 分）
（三）輻合區的都卜勒速度場會出現什麼特徵？
（7 分）

解析

（一）說明都卜勒速度的意義。

都卜勒效應是指當波源與受信者之間有相對運動時，所造成的頻率變化。例如，當警車或救護車從遠方靠近時，感覺其警報聲音的頻率似乎越來越高，而遠離時則越來越低。當聲源朝觀察者靠近時，前方的波由於聲源的運動而被壓縮，於是感覺頻率增高了。相反地，遠離時則波前間的距離增加了，而感覺頻率變小了。都卜勒速度係利用雷達無線電波的都卜勒效應來偵測空氣中的雲水分子或冰晶時，以其接收頻率與原發射波之頻率的差異來換算成速度。

（二）說明龍捲風在都卜勒速度場以及回波場會出現什麼特徵？

龍捲風的特性是具有強烈旋轉的天氣系統，而在都卜勒速度場會因風場旋轉而呈現出東西向雙極的徑向速度場分布。另外，在回波場會出現所謂的勾狀回波，表現出水氣場被風場扭曲的情況。

（三）輻合區的都卜勒速度場會出現什麼特徵？

輻合區的都卜勒速度場會出現南北向雙極的徑向速度場分布。

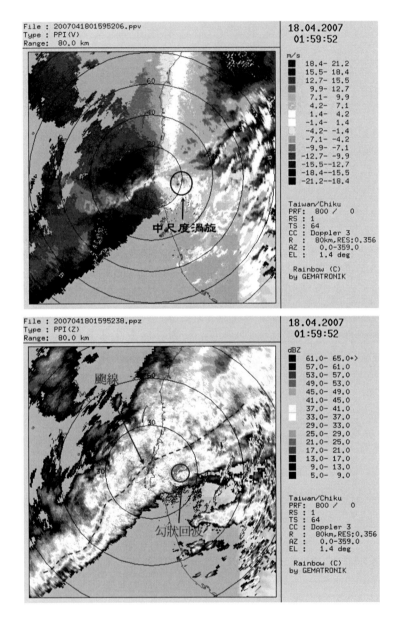

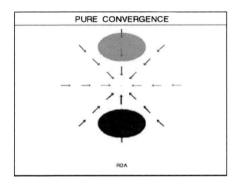

2007 年公務人員高等考試三級考試試題

類　科：航空駕駛

一、數值天氣預報（numerical weather prediction）產品
在飛航安全的判讀分析扮演愈來愈重要角色，試說
明數值天氣預報的原理為何？並試舉兩個例子，說
明其在飛航安全上之應用。（20 分）

解析

（一）數值天氣預報的原理

　　數值預報是指利用電腦來預報天氣的一種技術。簡單地
說，就是利用世界各地觀測點所取得的天氣數據，輸入電
腦，再利用物理公式計算出未來一定時刻的新天氣數值，再
以天氣圖的方式表達出當時的天氣情況，就是所謂的數值預
報天氣圖。而所收集的天氣數據，包括各高度的風速、風向、
氣壓、濕度等等的基本氣象要素，其中由公式導出的資料包
括渦度、垂直速度、散度等等。

　　數值預報所採用的各種物理公式都是由氣象學家根據
長期研究所設計出來的，而執行運算的電腦，必需是速度及
記憶量都十分強勁的超級電腦。目前使用的數值預報大約有
八至十種模式，主要由美國、日本、台灣及英國等地開發，
再由各地氣象台加以改良及區域化。由於每一個模式都俱有

其長處和短處，因此使用前必需小心考慮，不應盲目直接地依從預報圖所示的資料去作出天氣預報。

數值預報按範圍可分為全球模式和區域模式兩種。而按時間就可粗略分為短期（72 小時以下）、中期（72 小時以上，可達十天之久）及長期預報（月及季預報）三種。

全球模式的數值預報是指收集整個半球或全球的實際數據作運算，這一種預報由於圖面解析度（Resolution）低，因此只適用於預報較大尺度的天氣系統（例如副熱帶高壓）變化，和中長期天氣預報。

區域模式的數值預報則是指較小範圍的數據預報，例如東南亞、日本、美國東岸的區域。這種預報圖面解析度高，只限於短期天氣預報，但預測較準確，也可顯示較小尺度的天氣變化，例如雨區發展、颱風、鋒面等等。

（二）飛航安全上之應用

每日例行的天氣預報作業中，預報人員運用大量之數值天氣預報模式資料進行天氣預報。數值天氣預報系統乃根據大氣物理及動力之原理發展之數值預報積分模式，以全球之地面、高空及海洋等氣象觀測資料及初始格點猜測值為輸入資料，利用超級電腦進行大氣分子運動之時空積分，以推算出天氣系統的未來演變。中央氣象局於 1988 年七月開始數值天氣預報系統之正式作業啟動，數值天氣預報模式產品已成為每日天氣預報之重要參考指引。該自動控制系統之發展，可強化觀測資料數質及提供機制、提昇產品品質及顯示介面功能、增進整體數值天氣預報作業自動控制效能，使數值天氣預報產品品質愈來愈好。

　　民航局航空氣象數值模式預報產品可提供地面天氣預報圖和高空天氣預報圖。

二、雷暴（thunderstorm）在其發展後期經常伴隨外流邊界（outflow boundary）和陣風鋒面（gust front）等中尺度天氣現象，有時甚至會形成龍捲（tornado），對飛航安全產生極大威脅。試分別說明外流邊界和陣風鋒面的天氣特徵以及對飛行安全可能之影響。（20 分）

解析

（一）外流邊界

　　自雷雨雲中出現沖瀉之氣流，係源自同溫層（平流圖）中速移及低濕之空氣，至低空再挾帶大雨水滴及冰晶，向下猛衝，其強烈者成為猛烈之下爆氣流。此處特別強調者，該下爆氣流之出現，極為突兀，用傳統式觀測方法，時間與空氣均太長與太大，常無能為力，此所以航機偶或不幸而遭其吞噬。

（二）陣風鋒面

　　陣風常包含於大規模持續流動之垂直氣流中，係由直徑數吋至數百呎大小不等之渦旋而成。其產生之原因不外上升氣流與下降氣流間之切變作用（shearing action）以及抬升作用（lifting action）。陣風會導致飛機顛簸，偏航與滾動，其強烈者可使飛機損毀。

　　緊接雷雨之前方，低空與地面風向風速發生驟變，由於下降氣流接近地面時，氣流向水平方向沖瀉而成立之猛烈陣風，成為雷雨又一種具危險性之惡劣天氣，此種雷雨緊前方之陣風稱為初陣風，又稱犁頭風（plow wind）。

　　飛機在雷雨前方起飛降落，能造成嚴重災害，因為最強烈之初陣風，風速可達 100 浬／時，風向能有 180°之改變。但為時短促，一般初陣風平均風速約 15 浬/時，風向平均約有 40°之改變，雷雨前緣之風速較其尾部之風速猛烈多。

　　通常兇猛初陣風發生於滾軸雲及陣雨之前部，塵土飛揚，飛沙走石，顯示雷雨來臨之前奏。滾軸雲於冷鋒雷雨及颮線雷雨最為盛行，並且滾軸雲係表示最強烈亂流之地帶。

　　雷雨來臨前，積雨雲層下方之下降氣流以水平方向散佈，使得地面風向風速快速變化。在地面上觀測到的初期風湧（wind surge）或稱下衝風湧（down surge），稱為初陣風。初陣風為一易變之風，對於航機在雷雨前方急速降落時，有很大危險。通常陣風峰面在滾軸雲到達之前出現，也是雷雨接近而開始降雨之前奏。滾軸雲並非經常出現，但在快移冷鋒或颮線之前緣，常有存在，滾軸雲表示雷雨接近時，亂流之劇烈情況。

三、為了有效偵測機場周遭飛航安全,在機場內設置都
　　卜勒天氣雷達進行觀測作業已經相當普遍。試說
　　明:(每小題 10 分,共 20 分)
　　(一)都卜勒雷達所觀測之回波強度和降雨的關
　　　　係為何?試說明其特性。
　　(二)都卜勒雷達所觀測之都卜勒速度和都卜勒
　　　　譜有何特性?如何應用在飛航安全之研判
　　　　分析?

解析

(一)都卜勒雷達所觀測之回波強度和降雨的關係

　　雨滴粒徑分佈可以決定雲中含水量(W)、回波強度
(Z)、降雨率(R)等積分降雨參數。在相同的回波強度(Z)
下,其最大降雨個案以及最小降雨個案在雨滴譜的特性上,
有明顯的差異性存在。在不同季節(梅雨季及颱風季)的雨
滴譜特性有明顯差異,因此透過不同季節區分雨滴粒徑分布
的型態來採用適當公式。颱風季節 40dBZ 以上應調整 Z-R
公式降低 A 值。比較梅雨季、颱風季較強回波時,颱風降水
系統有較多個數的雨滴,而梅雨季相對來說雨滴數略少,而
擁有較大的最大雨滴。利用雨滴譜配合傳統雷達改善降雨估
計的方法,如採取即時之 Z-R 關係式並利用雨滴譜統修正回
波來估計降雨率,誤差可由單一公式 70%改進為 25%。傳統
雷達僅能觀測到 Z,雨滴譜儀可以觀測 0 D,但又只是單點
的觀測,如採用偏極化雷達,則雷達參數本身可以反演雨滴
譜,也不需要用分類的方式來校驗 Z-R 公式。

都卜勒氣象雷達能提供回波強度（reflectivity）、平均徑向速度（mean radial velocity）及頻譜寬（spectral width）等三種都卜勒雷達基本量，再經氣象演算法產生高達 40～80 種不同的雷達氣象分析產品，並以彩色圖形或數據資料方式顯示並提供給氣象預報人員使用。

（二）都卜勒雷達所觀測之都卜勒速度和都卜勒譜有何特性？如何應用在飛航安全之研判分析？

都卜勒氣象雷達是利用都卜勒效應來測量「降水粒子間的相對運動」，而所測得的速度就稱為徑向速度（radial velocity）或都卜勒速度（Doppler velocity）。由於都卜勒氣象雷達能直接測量得到的是「降水粒子群相對於雷達的平均徑向速度」，它與我們需要的實際水乎風速有點關係但又不完全相同。

從複雜的平均徑向速度場分佈特徵中可以提取二維的風場結構（甚至演算出三維風場結構），當然能有效地確定龍捲風、下爆氣流、陣風鋒面、中尺度氣旋、反氣旋、輻合線、鋒面等強烈天氣現象位置，以及得出降水區的垂直風廓線和冷暖平流。

四、台灣地形複雜，在不同的季節天氣變化顯著。試舉兩種天氣狀況為例，說明台灣地形對於局部地區天氣的影響，並說明飛行時所應該注意事項。（20 分）

解析

（一）山岳坡（Mountain wave）

當穩定空氣越過台灣山嶺地區時,空氣擾動情況發生變化,即空氣沿向風坡爬升時,氣流比較平穩,迨翻山越嶺後,氣流發生波動。普通越過山脈區之氣流為層流狀態(laminar flow),亦即層狀之流動,山脈區可能造成層流波動,宛似在擾動之水面上構成之空氣波動一樣。當風快速吹過層流波動時,該等波動幾乎停滯。其波動型態稱為「駐留波(standing wave)」或「山岳波(mountain wave)」。此種波型自山區向下風流動,會延伸至 100 浬(160 公里)或以上之距離,其波峰向上升發展高出山峰高度數倍,有時達於平流層之下部。在每一波峰之下方,有一滾軸狀旋轉環流。此等滾軸環流均形成於山頂高度以下,甚至接近地面,且與山脈平行。在翻滾旋轉環流中,亂流十分猛烈。在波動上升與下降氣流中,也會構成相當強烈之亂流。

(二)海陸風交替亂流(land and sea breezes turbulence)

海陸風通常在靠近台灣西部寬廣海面沿岸一帶出現,氣流來往交替於海陸日夜受熱與冷卻之差異。海風為中緯度鋒面型之界面,可伸入陸地 10 至 15 哩,其強度通常為每時 15 至 20 浬(15-20kts),厚度約 2000 呎,於日出後 3 至 4 小時開始,而在最高溫度後 1 至 2 小時達於最強,其與陸上暖空氣交界處具有冷鋒性質,穿過海風鋒面時有明顯之風切,故有亂流發生。

陸風發生於夜間,多在午夜前開始,至日出前達於最強,但較相對之海風弱得很多。由於陸風風切區大多發生於海上,除深夜航機由低空海上進場外,對飛航安全影響甚微。

(三)地形雷雨(orographic thunderstorm)

171

　　雷雨在台灣山地中均較平原上出現為繁，尤其炎夏季節，山坡受日射熱力較快，空氣被迫沿山坡上升，如氣團為潮濕條件性不穩定，加之山地垂直擾動大，容易形成積雲和積雨雲，最後雷雨產生，故稱為地形雷雨。夏日午後與黃昏時刻，在向風坡沿山脈之各峰頂附近，常出現疏疏落落不連續之雷雨個體，在背風山坡，雷雨即行消散。

五、簡答題：（每小題 5 分，共 20 分）
　　（一）颱風之七級風暴風半徑
　　（二）中尺度對流系統（mesoscale convective system）
　　（三）微爆流（microburst）
　　（四）輻射霧（radiation fog）

解析

（一）颱風之七級風暴風半徑
　　從颱風中心至颱風暴風圈風速達到蒲氏風級表（Beaufort wind scale）七級風（疾風；near gale）之距離，即風速每小時 28～33 海浬或每秒 13.9～17.1 公尺）時之距離為半徑劃個圓圈，就是颱風之七級風暴風半徑。我國台灣中央氣象局颱風警報發布標準為預測 24 小時內，颱風之七級風暴風半徑可能侵襲台灣各地區 100 公里以內海域時發布「海上颱風警報」。預測颱風之七級風暴風半徑可能於 18 小時內侵襲台灣地區陸上時發布「海上陸上颱風警報」。七級風暴風半徑離開台灣陸地時解除陸上颱風警報。七級風暴風半徑離開台灣地區附近海域時，解除颱風警報。

（二）中尺度對流系統（mesoscale convective system）

在不穩定度高、水氣量充足、且有舉升機制的情形下，有利於對流系統發生，對流可約略分為垂直對流（靜力不穩定大氣）以及傾斜對流（對稱不穩定大氣）；中緯度的對流系統常形成組織性結構，帶來的豪雨以及伴隨之劇烈天氣現象常造成重大災害，其中包含了不同尺度間的交互作用，且為依存之綜觀尺度系統之熱力結構以及動力效應的結果，對流也透過潛熱釋放與垂直方向動量、質量、水氣量等傳送，來影響大尺度環境之熱力與動力結構。

（三）微爆流（microburst）

微爆流是一種強烈的對流系統常發生的天氣現象，它距地面 100 公尺以下的水平範圍少於 4 公里，最大風速可達 75 公尺／秒，且有強烈的下降氣流及徑向向外幅散開來的氣流，常造成強烈的水平風切。這些氣流會在近地面處形成一股破壞性的水平方向吹散風，此種天氣系統即是微爆流。

微爆流很小，卻伴隨有強烈的下降氣流。飛機在起降時若遇到微爆流造成的風速風向驟變，而飛行員又無法即時應變處理的話，常會導致飛安意外。

（四）輻射霧（radiation fog）

近地表空氣因夜間地表輻射（terrestrial radiation）冷卻，氣溫降至接近露點溫度，空氣中水汽達到飽和而凝結成細微水滴，懸浮於低層空氣中，是為輻射霧，又稱之為低霧（ground fog）。形成輻射霧之有利條件為寒冬或春季在夜間無雲的天空，地表散熱冷卻快，相對濕度迅速升高，加上無風狀態下，最容易形成輻射霧。

2008 年公務人員高等考試三級考試試題

類　科：航空駕駛

一、民用航空局航空氣象服務網站能提供台北飛航情
　　報區
　　（一）衛星雲圖
　　（二）雷達回波圖
　　（三）地面天氣分析圖
　　（四）顯著危害天氣預測圖
　　請扼要說明該四種圖中有那些重要天氣資訊與飛
　　行有密切關係？飛行時如何善加利用該等資訊？
　　（20 分）

解析

（一）衛星雲圖

　　衛星雲圖主要可分為可見光（visible）和紅外線（infrared）
兩種雲圖，其中從可見光衛星雲圖上可顯示航路上，雲層覆蓋
的面積和厚度，較厚的雲層反射能力強，會顯示出亮白色，較
薄雲層則顯示暗灰色，還可與紅外線衛星雲圖結合起來，做出
更準確的分析。而從紅外線衛星雲圖上可顯示雲頂溫度的分
布，天氣越激烈，雲的垂直發展越高，雲頂溫度越低。同時以
不同色階用來判斷雲層發展的高度，因此，可以知道航路上是
否有激烈的天氣，飛行員可事先避開雷雨或積雨雲的危險天

氣。總之，從可見光雲圖和紅外線雲圖上可直接用來提供機場和航路上的雲量、霧、鋒面、雷雨、對流雲系、颱風等位置和發展的資訊，同時亦可提供有關噴射氣流和亂流等參考信息。

（二）雷達回波圖

　　雷達回波圖上可直接用來提供機場和航路上的雲量、霧、鋒面、雷雨、對流雲系、颱風等位置和發展的資訊，同時亦可提供有關噴射氣流和亂流等參考信息，飛行員可事先避開雷雨或積雨雲的危險天氣。

（三）地地面天氣分析圖

　　地面天氣分析圖上可直接用來提供機場和航路上有關的高低氣壓、冷暖鋒面和颱風或熱帶低壓、霧區、雲量、溫度、風向風速以及天氣現象等資訊，飛行員可事先知道整個綜觀天氣概況和未來可能的天氣發展。

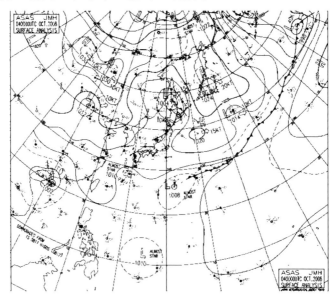

（四）顯著危害天氣預測圖

顯著危害天氣預測圖上可顯示低壓、冷暖鋒面、雲量、颱風等位置和移動方向以及積雨雲（CB）雲底和雲頂高度、0℃等溫線高度。

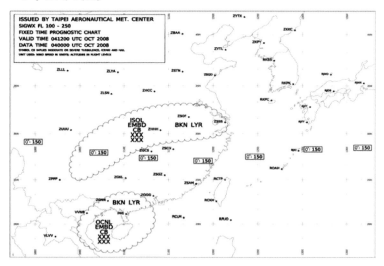

二、試說明高空噴射氣流（Jet Stream）之成因為何？並說明高空噴射氣流與地面低壓系統發展有何相關性？噴射氣流對於飛航有什麼影響？（20 分）

解析

（一）高空噴射氣流（Jet Stream）之成因

噴射氣流與盛行風之環流發生關連，以極鋒噴射氣流而言，它與盛行西風帶隨伴而生，同時中緯度寒潮爆發，會促進噴射氣流形成或增進其強度。南下冷空氣使極地對流層頂

降低高度，在寒潮爆發地帶會加大中緯度對流層頂之溫度梯度，故噴射氣流之增強與極鋒移動和極鋒位置有關。極地對流層頂與熱帶對流層頂間之氣壓和氣溫有顯著差異，氣壓梯度大，風速強。當寒潮爆發時，更加強原有之盛行西風，形成一股強勁的噴射氣流。噴射氣流為一道狹窄、平淺、快速、彎曲蜿蜒之強風帶，環繞地球，但常常斷裂成數條不連續之片段，其風速自外圍緩慢向中間增強，而於其核心（core）地帶，風速達到最大。噴射氣流具有形成、增強、移動以及衰逝之生命史，多與極鋒有關。而其厚度、最大風速、位置與方向，則因經緯度、高度與時間而變異。換言之，噴射氣流係一股強勁而狹窄之高空氣流，集中於對流層之上方或平流層之下方，在其近乎水平之軸心上，有很大之垂直與水平風切，以及一個或一個以上之最大風速。

（二）高空噴射氣流與地面低壓系統發展之相關性

噴射氣流與極鋒伴生時，噴射氣流係位於暖空氣中，並位於極地氣團與熱帶氣團間最大溫度梯度之南緣中或沿著南緣一帶。

噴射氣流在高空常隨高壓脊與低壓槽而遷移。不過噴射氣流移動較氣壓系統移動為快速。其最大風速之強弱，視其通過氣壓系統而定。

強勁而長弧形之噴射氣流常與加深高空槽或低壓下方之地面低壓及鋒面系統相伴而生。氣旋常常於噴射氣流之南方產生，並且氣旋中心氣壓愈加深，則氣旋愈靠近噴射氣流。囚錮鋒低壓中心移向噴射氣流之北方，而噴射氣流軸卻穿越鋒面系統之囚錮點（point of occlusion）。修長之噴射氣

流為高空大氣層冷暖空氣邊界之指標,為卷狀雲類(cirriform clouds)容易形成之場所。

(三)噴射氣流對於飛航之影響

　　噴射飛機飛經高空噴射氣流(jet stream)附近(30,000ft ～35,000ft 高度),經常遇到高達每小時 100~200 海浬之風速,約有 1～2 倍強烈颱風的強風,並有顯著的上下垂直風切與南北水平風切。由於高空噴射氣流附近雲層很少,飛機飛經萬里無雲之天空,偶而會遭遇亂流,機身突然震動或猛烈摔動,此種亂流特稱為「晴空亂流」(clear air turbulence;CAT)。晴空亂流一詞在習慣上專指高空噴射氣流附近之風切亂流而言,因此在噴射氣流附近即使在卷雲中有亂流存在時,仍泛稱為晴空亂流。

三、試說明飛機積冰最基本的天氣條件有那些?其天氣類型為何?(20 分)

解析

(一)飛機積冰最基本的天氣條件

　　飛機積冰最基本之天氣條件為天空濃密雲層(即濕度很高)與氣溫在冰點以下。

(二)飛機積冰之天氣類型

　1.氣團天氣之積冰

　　穩定氣團常形成層狀雲類,在適當條件下,積冰範圍廣闊而持續,其形態大都為霧淞類積冰。飛行員如不適時改變飛行高度,亦可能造成空中災難。普通層狀雲最大持續積冰

厚度會在 1500 公尺（5000 呎）左右。

　　不穩定氣團產生積狀雲類，在適當條件下，水平積冰範圍狹窄，而嚴重積冰常發生於積狀雲之上層，其形態大都為明冰，積狀雲含過冷水滴特多，故積冰量亦豐，但持續時間較為短暫。

　　在同一天氣情況而合乎積冰之條件下，飛機於山岳地帶積冰常較他種地形積冰為多，氣溫在 0℃ 至 -9.4℃ 間或左右，空中滿佈積狀雲類時，飛機雖在高出山峰以上 1500 公尺（5000 呎）處飛行，亦常發生嚴重之積冰。

　2. 鋒面天氣之積冰

　　（1）冷鋒與颮線

　　冷鋒與颮線上之惡劣天氣與積冰，其範圍均狹窄成帶狀，雲多積狀雲，積冰區總厚度約 3000 公尺（10000 呎），其形態大部為明冰，如其上層之暖空氣為不穩定，則積冰情況將十分嚴重。下層明冰之氣溫範圍在 0℃ 與 -9.4℃ 間，中層明冰與霧淞混雜區域之氣溫範圍在 -9.4℃ 與 -15℃ 間，上層純霧淞區域之氣溫範圍在 -9.4℃ 與 -15℃ 間，在溫度更低區如 -25℃ 與 -40℃ 間又可能分別產生明冰與霧淞。

　　（2）暖鋒與滯留鋒

　　暖鋒與滯留鋒上之惡劣天氣與積冰，其範圍均廣闊成帶狀，雲多層狀，積冰形態大部為霧淞，如其上層之暖空為不穩定，出現積雲時，亦產生嚴重之積冰。明冰霧淞混雜區域之氣溫範圍在 0℃ 與 -9.4℃ 間，其上方霧淞之氣溫範圍在 -9.4℃ 與 -20℃ 之間，其氣溫之更低區如在 -20℃ 以下，亦可能產生霧淞。

（3）囚錮鋒

囚錮鋒之惡劣天氣與積冰，其範圍均廣闊成帶，層狀雲與積狀雲並存，積冰形態為明冰與霧淞錯綜混合，如暖氣團為不穩定，則積冰情況將異常嚴重。明冰之氣溫範圍在 0℃與-9.4℃與-15℃間，霧淞之氣溫範圍在-15℃與-20℃之間。

3. 雷雨天氣之積冰

雷雨之形成通常簡分為初生、成熟及消散等三階段，雷雨在各階段中形成之積冰範圍與其形態。

（1）初生階段

積雲逐漸發展為雷雨，冰點以上之雲滴全為液態水份，冰點以下之雲滴，因水份豐富，會形成嚴重積冰，當雲頂高度突出-20℃等溫線之範圍，冰晶於焉形成，但飛機積冰反而減少。

（2）成熟階段

積雲後方上升氣流區溫度高於-9.4℃之雲滴幾全為液態水份，溫度冷於-20℃，大部為冰晶，積雲前方下降氣流區域 0℃與-9.4℃間為冰晶與水滴雜處，溫度冷於-9.4℃則全為冰晶。

（3）消散階段

高空大部為冰晶，僅其下部淺薄之一層，氣溫接近冰點，冰晶與水滴雜處，為飛機積冰之發生地帶。

四、試列舉說明雷雨伴隨有那些惡劣天氣？對飛航安全的影響為何？（20分）

解析

（一）雷雨伴隨惡劣危害飛航安全天氣有強烈或極強烈亂流、積冰、下爆氣流、降水與壞能見度、地面陣風以及閃電等，其程度比較強烈時，能產生冰雹，甚至附帶龍捲風。

（二）雷雨伴隨惡劣天氣對飛航安全的影響

1. 亂流（turbulence）

大雷雨能產生極強烈之亂流與冰雹，強烈與極強亂流存在於上升與下降氣流間而致風切之積雨雲中層或高層，約在雲層三分之二高度。陣風鋒面上風切誘生之亂流，出現於低空雲層中與雲層下方。

下衝氣流在雲底距地面三四百呎內繼續進行，通常速度很大，它構成雷雨下方之飛行危害，如豪雨及惡劣能見度以及伴隨著下衝氣流時，危害尤劇。

雷雨亂流復分為垂直氣流、陣風及初陣風三種。

2. 垂直氣流

雷雨生在初生階段，除開雷雨邊緣偶有輕微下降氣流外，大部為上升氣流，成熟後，上升及下降氣流并行不悖，至消散階段除特殊情況外，大致下降氣流盛旺。

垂直氣流對飛機結構造成損害，要視氣流中陣風數量而定，如垂直氣流均勻一致，飛行員採用正常飛行技術操作時，則亂流微弱至最低程度。在上升與下降氣流鄰近區常存

在最大之風切亂流與最大陣風。

3. 陣風（gusts）

　陣風常包含於大規模持續流動之垂直氣流中，係由直徑數吋至數百呎大小不等之渦旋而成。其產生之原因不外上升氣流與下降氣流間之切變作用（shearing action）以及抬升作用（lifting action）。陣風會導致飛機顛簸，偏航與滾動，其強烈者可使飛機損毀。

4. 初陣風（first gust）

　緊接雷雨之前方，低空與地面風向風速發生驟變，由於下降氣流接近地面時，氣流向水平方向沖瀉而成立之猛烈陣風，成為雷雨又一種便具危險性之惡劣天氣，此種雷雨緊前方之陣風稱為初陣風，又稱犁頭風（plow wind）。

　飛機在雷雨前方起飛降落，能造成嚴重災害，因為最強烈之初陣風，風速可達 100 浬／時，風向能有 180°之改變。雷雨前緣之風速較其尾部之風速猛烈多矣。

5. 冰雹（hail）

　雷雨於成熟階段時，積雨雲中有冰雹存在，飛機飛行於高空時，其危險性仍然存在，因大型冰雹不但能擊損機體，而且也因冰雹為空氣強烈對流時之產物，即雷雨內部如有冰雹存在，其對流情況必已驚人。

6. 閃電（lightning）

　在雷雨中，不幸遭遇閃電，能在短時間內使人目眩，致瞬時無法觀察駕駛艙中之儀表。閃電所構成之危害，能使導航系統及電子裝備損毀。閃電如直接擊中飛機外殼，能打成遍體鱗傷。又因閃電與降水而產生靜電現象，使無線電失

靈，飛行員遂遭受航空通信之困擾。

7. 積冰（icing）

雖雷雨之積雲，高聳霄漢，但因其範圍不廣，故飛機飛在積雲中，會積在翼面上之明冰（clear ice）層極為有限，最嚴重之積冰常發生在緊接於結冰高度層上方，因為結冰高度層係過冷水滴集中地帶，通常在結冰高度層以上，氣溫自 0℃至-10℃範圍內積冰最嚴重。在雷雨雲中此一特殊高度層對於飛行操作能發生很大之威脅性，飛行員應盡可能予以避開。

8. 降水（precipitation）

強降水常構成低雲幕與壞能見度，對於飛機之起降益加困難。

9. 地面風（surface winds）

雷雨來臨前，積雨雲層下方之下降氣流以水平方向散佈，使得地面風向風速快速變化。初陣風為一易變之風，對於航機在雷雨前方急速降落時，有很大危險。

在快移冷鋒或颮線之前緣，常有滾軸雲發生，滾軸雲表示雷雨接近時，亂流之劇烈情況。

10. 下爆氣流（downburst）

自雷雨雲中出現繼續沖瀉之氣流，該下爆氣流之出現，極為突兀，用傳統式觀測方法，時間與空氣均太長與太大，常無能為力，此所以航機偶或不幸而遭其吞噬。

11. 氣壓變化

因雷雨而生之氣壓變化會有，當雷雨接近時，氣壓急行下降；在初陣風與陣風開始時，氣壓又突然上升；以及雷雨

繼續向前移動，降雨停止，則氣壓逐漸恢復正常等三種情形。在雷雨發生期如不適時校正高度撥定值，則飛機上之顯示高度可能有 30 公尺（100 呎）之誤差發生。

　　通常雷雨愈強，愈會有事前氣壓突升之現象，其升降幅度也越大。

12. 龍捲風（tornado）

　　大多數龍捲風與穩定狀態雷雨之冷鋒或颮線同時發生，與孤立雷雨伴生者極少。龍捲風或漏斗狀雲係雷雨母雲之附屬品，自閃電及降雨區向外伸展達數哩之遙，其漩渦可鑽升至雷雨母雲裡，飛行員如粗心大意飛進雷雨雲中，將會遭遇到隱藏漩渦，則航機結構之損毀，可以預期。如果積雨雲類之乳房狀雲層出現天空，則可能有劇烈雷雨與龍捲風發生。乳房狀雲係自雲底下垂之不規則圓形錢袋狀或綵球形，表示含有強烈至極強烈之亂流。

13. 颮線（squall lines）

　　一條非鋒面性之活耀狹窄雷雨帶，稱為颮線。通常在冷鋒前方之潮濕不穩定空氣中發展而成，也可在離開鋒面很遠之不穩定空氣中形成。颮線上通常包含許多強烈之穩定型雷雨，對於重型航機之儀器飛行會構成最嚴重之危害。

14. 低雲幕與壞能見度（low ceiling and poor visibility）

　　通常在雷雨雲中能見度很差，有時幾乎為零。在雷雨雲底與地面間，豪雨與揚塵交織，襤褸雲幕，惡劣能見度。尤其每當亂流、冰雹及閃電等雷雨危害天氣伴生時，雲幕及能見度之危害程度益加嚴重。

五、試說明颱風形成的機制為何？有利颱風發展的天氣條件有那些？颱風路徑常受那種天氣類型的影響？颱風在臺灣東部登陸時，其強度為什麼常很快地減弱？（20分）

解析

（一）颱風形成的機制

　　廣大高溫潮濕的洋面，空氣被迫上升冷卻降溫，水氣飽和，凝結成雲致雨，由於凝結，大量潛熱放出，加熱空氣柱，密度變小，導致海平面氣壓降低而形成低壓區，四周空氣向低壓區輻合，吸引更多水汽進入熱帶氣旋系統。該等連鎖反應繼續進行時，形成巨大渦旋，達巔峰狀態時，即形成颱風或颶風。

（二）颱風生成條件

　　颱風生成之條件，綜合如下列：

1. 廣大海洋，濕大溫高，風力微弱而穩定，有利於對流作用之進行。

2. 南北緯5°與20°間之地帶，雖在低緯，但去赤道已有若干距離，地轉偏向作用有助於氣旋環流之形成。

3. 對流旺盛，氣流上升，水氣凝結，降雨，釋放潛熱，助長對流，使地面暖空氣內流。

4. 地轉作用，內流空氣，乃成渦漩吹入，故角運動量（angular momentum）之保守作用，亦為造成強烈環流之原因。

5. 熱帶風暴區內氣流運行強烈，其能量係由上升氣流之大量凝結釋放潛熱所供應。

6. 南北緯 5°與 20°間之海洋，正居於赤道輻合線上，其氣流輻合，利於渦旋之生成。

　　具體言之，有利於熱帶風暴生成與發展之重要條件為適宜之海面溫度，天氣系統會產生低空輻合以及氣旋型風切等現象。產生熱帶氣旋之溫床為東風波、高空槽與沿著東北信風及東南信風輻合區之間熱帶輻合帶（ITCZ），此外，尚須在對流層上空有水平外流—輻散作用。

（三）颱風路徑

　　颱風通常發生於熱帶海洋之西部，侵襲大陸東岸，常受太平洋副熱帶高壓環流影響而移動。位於低緯度之熱帶氣旋，初期多自東向西移動，其後在北半球者漸偏向西北西以至西北，至 20°N 至 25°N 附近，此時熱帶風暴在兩種風場系統，即低空熱帶系統與高空盛行西風系統互為控制之影響下，致使其移向不穩定，甚至反向或回轉移動，最後盛行西風佔優勢，在其控制之下，漸轉北進行，最後進入西風帶而轉向東北，在中緯度地帶，漸趨消滅，或變質為溫帶氣旋。全部路徑，大略如拋物線形。

（四）颱風在臺灣東部登陸時，其強度常很快地減弱

　　颱風在臺灣東部登陸時，受台灣中央山脈的阻擋和破壞，氣流直接灌進颱風中心，颱風中心很快填塞，中心氣壓很回快升，颱風強度迅速減弱。

2008 年公務人員特種考試民航人員

考試試題

等　別：三等考試
科　別：飛航管制、飛航諮詢

一、何謂鋒生（frontogenesis）？為什麼會有鋒生？試以氣團與氣流變形場的概念討論之。（25 分）

解析

　　鋒生：因受輻射或空氣運動之影響而導致鋒面或鋒面區形成或加強的過程。

　　某地兩氣團間密度差異漸漸增大，其間之過渡地帶繼續發展，空氣流動慢慢發生差異，於是不連續之鋒面逐漸形成。

　　廣大氣團停留一地為時較久，北部通常較南部為寒冷，加以當時風速微弱，空氣無法交流。南北兩方空氣受地面不同性質之影響而各自變性，經數日後，兩方空氣性質發生較大差異，氣壓各自上升，原為一大高壓分裂為二小高壓，結果空氣開始流動。二高壓間氣流方向相反，北部小高壓愈冷，南部小高壓愈暖，兩者之間溫度差別愈形增大，結果不同性質之兩氣團於是建立起來。因此中間地帶不連續情況益形顯著，鋒面於焉形成。

189

二、何謂溫帶氣旋？其發展生命史為何？試以挪威學派的概念模式討論之。（25 分）

解析

溫帶氣旋（extratropical cyclone）：指在熱帶以外緯度上發展的低壓系統。

溫帶氣旋發展生命史分為初生階段、發展階段、囚錮階段和消散階段。

初生階段：鋒波之產生主要係兩種不同性質氣團相互作用之結果，通常形成於滯留鋒上或行動遲緩之冷鋒上。滯留鋒兩邊空氣流動方向相反而平行，由於兩氣團間切變（shearing），空氣將形成小擾動，加之地區性熱力不平衡與不規則地形等影響，所以鋒面無法保持平直，故發展成彎曲狀態或扭折狀態，亦即鋒波之初期形態。若初期鋒波繼續發展，反時鐘方向（氣旋）環流於焉形成，冷空氣推向暖區，暖空氣推向冷空氣佔領區，在扭折點之右方鋒面，開始被推動，成為暖鋒；在其左方鋒面，亦開始移動，成為冷鋒。此種鋒之變形（deformation），稱為鋒波（frontal waves）。

發展階段：鋒波再繼續發展加強，即其彎曲狀態加深，同時彎曲之頂點氣壓降低，逐漸形成低氣壓中心，冷空氣向暖空氣區域楔進，同時暖空氣更向其前方之冷空氣推移，而其頂點常指向冷空氣區域。在頂點之左方，冷鋒與冷空氣有力地向南方或東南方推進，其右方暖鋒向東彎曲成一大弧形，此為鋒面波之發展期，即氣旋強度以此階段為最旺盛。

　　囚錮階段：此後低氣壓中心加深，氣旋環流加強，地面風速增大，足夠推動鋒面前進，冷鋒以較快速度推進，追及暖鋒，並楔入暖鋒之下部，將冷暖兩鋒間暖區（warm sector）之暖空氣完全抬升，地表上為冷鋒後之最冷空氣佔有，並與暖鋒下之較冷空氣接觸，此時在地上不見暖鋒，暖鋒被高舉即為囚錮鋒，囚錮鋒上之暖空氣如相當穩定，能形成濃厚層狀雲與穩定之降雨或降雪；囚錮鋒上之暖空氣如不穩定，由於其下冷空氣之抬舉，能形成積雨雲。

　　消散階段：囚錮作用繼續進行，囚錮鋒長度增加，氣旋環流轉弱，即低氣壓中心停止加深，鋒面移速減慢，於是囚錮鋒開始消逝。常因暖空氣被抬升後，其含有之水汽凝結下降，且將潛熱放出，而在無濕暖空氣之供應，故氣旋消滅。

三、何謂噴流（jet stream）？為什麼對流層頂附近的西風噴流在冬季較其他季節為強？
　　試以熱力風的概念討論之。（25 分）

解析

　　噴射氣流為一道狹窄、平淺、快速、彎曲蜿蜒之強風帶，環繞地球，但常常斷裂成數條不連續之片段，其風速自外圍緩慢向中間增強，而於其核心（core）地帶，風速達到最大。噴射氣流具有形成、增強、移動以及衰逝之生命史，多與極鋒有關。而其厚度、最大風速、位置與方向，則因經緯度、高度與時間而變異。

　　噴射氣流係一股強勁而狹窄之高空氣流，集中於對流層之上方或平流層之下方，在其近乎水平之軸心上，有很大之垂直與水平風切，以及一個或一個以上之最大風速。它通常有數千哩之長度，數百哩之寬度，以及數哩之厚度。

　　在中高緯度，極鋒因冬夏季節而南北位移，噴射氣流平均位置亦隨之南北移動，冬季南移，夏季北移，並且冬季強於夏季。冬季寒潮爆發地帶會加大中緯度對流層頂之溫度梯度，故噴射氣流之增強與極鋒移動和極鋒位置有關。極地對流層頂與熱帶對流層頂間之氣壓和氣溫有顯著差異，氣壓梯度大，風速強。當寒潮爆發時，更加強原有之盛行西風，形成一股強勁的噴射氣流。

四、台灣夏季午後常出現雷陣雨，試討論其發生之大氣環境條件與其激發機制。（25 分）

解析

　　雷雨發生之大氣環境條件為不穩定空氣、抬舉作用及空氣中含有豐足水份等，茲分述如下：

（一）不穩定空氣

　　雷雨形成為空氣條件不穩定，受地形或鋒面等外力之抬升，該空氣變成絕對不穩定時，必需至溫度高於周圍溫度之某一點，該點稱為自由對流高度（level of free convection），自該點起暖空氣繼續自由浮升，直至溫度低於周圍溫度之高度為止。

（二）抬舉作用

地面上暖空氣因外力抬舉至自由對流高度，過此高度後，即繼續自由浮升，構成抬舉作用之原因有鋒面抬舉、地形抬舉、下層受熱抬舉以及空氣自兩方面輻合而產生垂直運動之抬舉等四種。

（三）水汽

暖空氣被迫抬升，含有之水汽凝結成雲，除非暖空氣含有充份水汽，能升達自由對流高度，否則積雲生成並不顯著，僅為晴天積雲而已，故暖空氣中含水量愈豐富，愈易升達自由對流高度，產生積雨雲與雷雨之機會愈大。

2009 年公務人員特種考試民航人員

考試試題

類　科：飛航管制

一、利用無線電探空資料，對飛航天氣分析有很大之幫
助，假設一空氣塊在平原近地面處的溫度為
25°C，露點溫度為 21°C，風吹向山區將空氣塊由
地面抬升至 3500 公尺高的山頂，令未飽和空氣塊
的垂直降溫率為 10°C/km，飽和後空氣塊的垂直降
溫率為 6°C/km，未飽和空氣塊露點溫度的垂直降
溫率為 2°C/km。請問：（一）空氣塊被抬升後，會
在那一個高度處開始有雲的形成？此時空氣塊溫
度與露點溫度各為多少？（10 分）（二）當空氣塊
繼續被抬升至山頂處，此時空氣塊的溫度及露點溫
度各為多少？（5 分）（三）為何氣塊飽和後的垂
直降溫率會小於飽和前的垂直降溫率？（5 分）
（四）如果此空氣塊在迎風面因飽和凝結而降雨，
並從山頂直接過山，當此空氣塊過山到達平原近地
面處時的溫度為多少？以此例說明焚風的現象。
（10 分）

解析

（一）垂直降溫率是指空氣塊受外力作用上升時，溫度降了多少度？

外力作用可能是熱力舉升、空氣輻合動力舉升、沿鋒面斜面或沿山區地形的機械舉升。地面空氣溫度舉升降溫，因溫度大於露點溫度，空氣未飽和，適用於未飽和空氣塊的垂直降溫率；同理，地面空氣露點溫度舉升降溫，因空氣未飽和，適用於未飽和空氣塊露點的垂直降溫率；待空氣塊舉升高度至飽和狀態，開始有雲產生，溫度等於露點溫度，此時溫度舉升降溫，適用於飽和後空氣塊的垂直降溫率。設空氣舉升 X（km）之後，達飽和開始有雲形成。此時的溫度為，地面溫度去減掉上升的高度乘上未飽和空氣塊垂直降溫率：25-10X（℃）；此時的露點溫度為，地面露點溫度去減掉上升的高度乘上未飽和空氣塊露點溫度垂直降溫率：21-2X（℃）。溫度等於露點溫度達飽和開始有雲形成：25-10X＝21-2X X＝0.5（km）＝500（m），上升 500 公尺之後開始有雲形成。此時溫度等於露點溫度為 25-10×0.5＝20（℃）距離山頂還有 3500（m）-500（m）=3000（m）＝3（km）

（二）繼續被抬升時，因為空氣已達飽和，適用於飽和後空塊的垂直降溫率，到山頂的溫度為 20-6×3＝2（℃）。此時也是飽和狀態，露點溫度等於溫度都是 2（℃）。

（三）當空氣塊達飽和後的垂直降溫降率，牽涉到水汽的凝結，會放出潛熱加熱空氣，下降的氣溫會下降少一些，所以飽和後的垂直降溫率會小於飽和前的垂直降溫率。

（四）空氣塊凝結下雨，到了山頂之後呈現飽和，開始下沉後，氣溫增加但水汽並未增加而呈現未飽和，未飽和空氣塊的垂直降溫率來計算，達到近地面處時溫度為 2＋10×3.5＝37（℃），過山前的溫度為 25（℃），因此溫度增加了 12（℃），出現焚風現象。焚風即是空氣過山時，水汽凝結釋放出潛熱加熱空氣降溫慢，並且下雨，過山頂之後呈現未飽和空氣，下山之後，增溫比較快，造成山地背風面出現乾燥高溫的空氣。

二、台灣的飛航天氣與氣候深受季風（Monsoon）的影響，試回答下列之問題：（一）季風最主要的成因是什麼？全世界有那些主要的季風區？（二）台灣冬季盛行東北季風，伴隨東北季風的氣團是屬性寒冷乾燥的亞洲大陸西伯利亞氣團。說明為何台灣北部地區的冬季在此種氣團籠罩下，卻常是多雲下雨的天氣？（三）台灣的春末夏初主要為西南季風所籠罩，說明西南季風的源區在那裡？此一時期台灣的天氣特徵為何？（10 分）

解析

（一）季風是在有廣大的海水和陸地上形成，海水的比熱容量遠比陸地為高，所以陸地在冬季時的降溫以及夏季時的升溫比海洋快和明顯，造成溫度上的差異。當空氣受熱膨脹，密度便會降低，因而向上升；反之亦然，所以在夏季時陸地的氣壓會比海洋低，冬季時相反。所以季風區在夏季和

冬季的風向會相反，可以按此分為冬季季風和夏季季風。

世界上，主要有東亞、東南亞、南亞季風區，另外在北美洲、北美洲、澳洲、非洲等主要的大片的海陸交界處也有季風區形成。

（二）台灣北部在冬季盛行東北季風，乾冷的歐亞大陸冷空氣吹至台灣前，若有經過東亞沿海海面，空氣開始獲得水汽和溫度，慢慢成為比較暖濕的變性氣團，到了台灣北部易受地形抬升冷卻而形成多雨或降雨。

（三）西南季風的源區為中國南海，甚是遠自印度洋。西南季風籠罩台灣時，臺灣的天氣，主要是旺盛的西南季風受到中央山脈的影響，潮濕高溫且不穩定的空氣，常在中央山脈西側迎風面的山區形成大量降水現象，甚或產生豪雨。每當中國大陸冷空氣南移，梅雨鋒面南下，影響到台灣的天氣，梅雨鋒面在台灣停留時間較長時，常有豪雨發生，是為台灣的梅雨季節。

三、熱帶氣旋（颱風）和溫帶氣旋發展過程所伴隨之強風豪雨等劇烈天氣，都對飛航安全產生重大影響。試討論比較兩者結構與所處環境之差異以及發展過程能量來源之不同。（25分）

解析

熱帶氣旋是在熱帶溫暖洋面上形成，海溫要夠高，在正壓大氣中形成，並且所在緯度需提供足夠的科氏力，不能有太大的垂直風切，利用潛熱的釋放提供熱帶氣旋能量。熱帶

氣旋大致呈現軸對稱，在北半球逆時鐘方向旋轉，轉速相當快，可能具有颱風眼，內部有許多上升和下降氣流，還有強盛對流的雨帶等結構。

熱帶氣旋從熱帶洋面上一些不穩定的擾動發展而成，一開始這些熱帶擾動發展的並不快，對流釋放潛熱的能量會被重力波送到擾動範圍外，使能量不能快速累積，只有少數的熱帶擾動能發成熱帶氣旋，此後潛熱的能量能充分的使用，使熱帶氣旋加強，直到缺乏水汽供給，如碰上陸地，或移動到較高的緯度被斜壓帶影響而破壞結構。

溫帶氣旋在中、高緯度地區斜壓大氣中形成，在滯留鋒或風切線上，因具有氣旋式風切，易產生小擾動，南邊較暖的空氣在擾動東邊往東北方形成暖鋒，北邊較冷的空氣在擾動西邊往東南方形成冷鋒，此時溫帶氣旋中心位於冷鋒和暖鋒的交界處。由於冷鋒速度快，可追上暖鋒將暖空氣舉起，形成囚錮鋒，此時溫帶氣旋中心位於囚錮鋒盡頭。

溫帶氣旋能量的主要來源為冷暖空氣間的溫度梯度，從南北向的溫度梯度，藉由擾動變成東西向的溫度梯度，再靠著次環流（冷空氣下降，暖空氣上升）產生動能。

熱帶氣旋為暖心低壓，而溫帶氣旋則為冷心低壓，兩者有相當不同之處。

註解

環流：主要為主環流及次環流兩部分，主環流一般為水平方向運動之環流，而次環流則為垂直方向運動之環流，例如海風、陸風、三胞環流、鋒面垂直次環流等。次環流在地

轉調節中扮演的角色為使主環流維持熱力風平衡，而次環流之垂直運動，會使各種天氣現象出現於我們的生活中。

大氣為靜力平衡，且其運動場有回歸地轉（梯度風）平衡的趨勢，亦即若質量場和運動場處於非平衡狀態時，即產生次環流。經次環流之作用，使質量場和風場產生變化，達到地轉（梯度風）平衡狀態。

環流範圍的大小：

主環流：覆蓋地表大部分地區，指全球性風系

次環流：比主環流小一點，包括氣團和鋒面在內

局部環流：範圍更小，存在時間很短暫，但可以發展成劇烈的天氣，包括海陸風、山風、谷風、雷雨、積雲和龍捲風。

四、晴空亂流是飛航安全的一大殺手，試以理察遜數（Richardson Number）說明晴空亂流發生之環境條件。（20 分）

解析

Richardson Number 為無因次參數，可以用來了解動態大氣的穩定程度。

Richardson Number 是空氣浮力項除以垂直風切項的平方，公式寫成：

$$R = \dfrac{\dfrac{g}{\theta_0}\dfrac{\partial \theta}{\partial z}}{\left(\dfrac{\partial U}{\partial z}\right)^2}$$

- U 是水平風速
- g 是重力加速度
- θ_0 是參考位溫
- θ 是位溫
- Richardson number 可以用來判別垂直穩定度

一般在 Ri 在大於 0.25 的時候為較穩定的狀態，小於 0.25 時大氣呈現動態不穩定，易產生紊流；當風切非常大的時後，Ri 趨近於零，很不穩定。

晴空亂流發展在高空噴流附近，具有相當大的風切，所以 Ri 數字會很小，晴空亂流發生之環境條件，即是 Richardson NuhPaer 很小的狀態。

2009 年公務人員高等考試三級考試試題

類　科：航空駕駛

一、臺灣梅雨季鋒面前常有西南方向為主的低層強風
　　區稱之為低層噴流，試說明低層噴流的結構以及成
　　因，（15 分）並且說明低層噴流和豪雨的關係如何？
　　（10 分）

解析

（一）低層噴流的結構以及成因

　　梅雨鋒面前的空氣，為南邊由西南氣流帶來的暖濕空
氣，而鋒面後的空氣還是冷空氣，在鋒面前緣推擠暖濕空
氣，一方面使得溫度梯度升高，增強熱力風次環流，一方面
使西南氣流的流動通道變窄，皆會使得在低層空氣加速，形
成低層噴流，低層噴流指低層風速等於或大於 25 kt，且要
個風速最大的核心通道。

（二）低層噴流和豪雨的關係

　　低層噴流為激發中尺度對流雲系的一種重要機制，低層
噴流能快速讓南方暖濕空氣送到冷空氣的上方，有很大的垂
直不穩定，會發生強烈的對流、雷雨、颮線等，皆會產生劇
烈降雨。

二、試說明影響空氣垂直上下運動的天氣過程有那些？（15 分）試說明在溫帶氣旋中最有利於上升運動之區域。（10 分）

解析

（一）影響空氣垂直上下運動的天氣過程

影響空氣垂直上下運動的天氣過程有熱力對流、動力輻合輻散和機械力舉升。熱力對流係局部空氣加熱使密度較周圍小，讓空氣舉升；動力輻合輻散係因遵守質量守恆，在地面輻合造成上升氣流，輻散造成下降氣流；機械力舉升，如鋒面、地形舉升，空氣沿著斜面爬升。

（二）溫帶氣旋中最有利於上升運動之區域

溫帶氣旋中最有利於上升運動的區域，在強烈的冷鋒鋒面上，暖空氣被冷空氣快速抬升。

三、試說明凍雨（freezing rain）和冰珠（ice pellets）兩者的差異，（15 分）並說明兩者和飛機積冰的關係。（10 分）

解析

1.凍雨

中高緯度較為常見。通常為鋒面系統過境時，在近地面有逆溫現象。在高空的雪下落期間，先經歷溫度大於 $0°C$ 的暖空氣層，雪融化為雨水；但在近地面時溫度又降為 $0°C$ 以下，雨水為過冷水，但來不及形成冰，直至落到地面碰到物體才結冰。

2.冰珠

　　同樣在鋒面系統下，但是因為逆溫較強，地面溫度遠低於 0°C，原本在高空中是雪花，下降過程中融化成雨滴，但或因為尚未完全融化，或近地面溫度過低，使雨滴在未達地面前就凍結為球狀的冰珠。

　　飛機積冰主要是由過冷水、凍雨碰撞到飛機形成積冰；冰珠並不會造成飛機積冰，除非冰珠又融化並再次凝結在飛機上。

四、簡答題（每小題 5 分，共 25 分）

　　（一）有利颱風發展的環境條件有那些？

　　（二）凇冰（rime ice）

　　（三）外流邊界（outflow boundary）

　　（四）相當回波因子（equivalent reflectivity factor）

　　（五）牆雲（wall cloud）

解析

（一）有利颱風發展的環境條件有那些？

　　（1）廣闊的洋面，海水溫度需＞26.5°C。

　　（2）垂直風切不能太大。

　　（3）科氏參數（f）不能太小，一般緯度 5° 以內的赤道區，極少有熱帶氣旋（TC）形成。

　　（4）需有對流不穩定之大氣，且不穩定愈高，愈能導致強烈的對流，才有利 TC 之形成。

　　（5）中低對流層的溼度需夠高。

（6）高層輻散大於低層輻合。

（二）淞冰

較小的過冷水滴，碰到別的物體即結成小小的冰，很多很小的冰組成淞冰，淞冰的表面看起來是白色的，因為裡得有很多氣泡，有許多很小冰的邊緣會射散、反散光線，而且因為淞冰是由小小的冰組成，也較易因為敲擊而碎裂。

（三）外流邊界

在颮線、雷雨前緣，因為強烈降雨帶來的下降冷空氣碰到地面之後，往前快速推擠形成邊界，即是外流邊界，會造成陣風鋒面。

（四）相當回波因子

為雷達在偵測天氣雲雨系統時，對不同的雨滴大小、冰的大小有不同的回波強度，結集回波得到相當回波因子Z，Z 的值和雨滴半徑的三次方成正比，冰和水的反射率又不同，通常當Z越大，代表雨滴越大，雨滴很大或是很多雨滴。

雷達回波是一種描述目標物在攔截和反射無線電能量效率的量度。此一效率大小和目標物大小，形狀，面向，以及電離特性有關。雷達回波因子是由降雨滴譜所決定的一個物理量，和滴譜六次方成正比。假如降雨粒子比雷達所發射波長要小很多時，此一物理量和雷達回波成正比。相當回波因子則是由雷達回波估計的回波因子稱之，一般利用此一數值估計雨量大小。

（五）牆雲

牆雲在強烈的積雨雲、雷雨系統中產生，為龍捲風產生前會出現用的現象。在積雨雲底部，因為強烈上升氣流凝結

成雲，會有一大塊比周圍環境的雲低，又會旋展的雲塊發展，這種雲塊就是牆雲。

2009 年公務人員薦任升官等考試試題

類　科：航空管制

一、雷暴系統發展後期常有中尺度天氣現象「陣風鋒面」（gust front）發生。試以地面測站觀測以及都卜勒雷達觀測，說明陣風鋒面的結構特徵。並說明此現象對飛航安全的影響。（25 分）

解析

（一）陣風鋒面的結構特徵

1. 地面測站觀測

陣風鋒面通過時，地面測站可以觀測到氣溫突降、風向轉變、氣壓跳升、大雨爆發和風速驟增。

2. 都卜勒雷達觀測

都卜勒氣象雷達可觀測雷雨位置、強度及內部風場，雷雨中雨滴愈大及數量愈多，雷達回波愈強，雷雨回波高達 10600 公尺以上者，或孤立狀態雷雨胞回波，其移速大於 40 哩／時者，常含有極強烈之亂流與冰雹。

陣風鋒面是指雷暴系統在雨滴大量快速落下時，拖曳冷空氣快速下沉，在近地面時改變方向，沿地面附近向雷暴系統的前側而去，而地表附近因為摩擦力的關系，離地面高一點的地方，用垂直剖面來看會有一個突出的鼻狀鋒面。因此陣風鋒面為雷暴系統前一道快速前推的冷空氣，會把前側的

暖濕空氣快速抬升，而使之產生對流降雨。陣風鋒面會帶來冷又強的陣風以及降雨，在都卜勒雷達可以看到有雷暴系統前有一道風速快的鋒面。

（二）對飛航安全的影響

陣風鋒面上常引發風切亂流，出現於低空雲層中與雲層下方。不規則且突然出現短暫的強風稱為陣風，陣風係由上升氣流和下降氣流間切變作用（shearing action）和抬升作用（lifting action）而產生。雷達回波上可顯示強烈回波，強烈雷達回波是劇烈危害天氣之指標。陣風鋒面常導致飛機顛簸，偏航與滾動，其強烈者可使飛機損毀。

二、颱風侵襲期間飛航安全深受颱風環流的影響。試說明成熟颱風三度空間風場分布特徵。並說明現階段觀測海洋上颱風之風場有那些方法。（25分）

解析

（一）成熟颱風三度空間風場分布特徵

颱風環流結構近似軸對稱，外貌類似圓柱體，水平範圍上千公里，但垂直厚度僅 15－20 公里（侷限於對流層內）。通常從紅外線衛星雲圖可顯示，颱風最明顯的結構特徵為颱風眼、眼牆及外圍之螺旋狀雨帶。颱風中心為低壓區，其中心氣壓常在 980－950hPa 左右，最低可達 870hPa。底層氣流受氣壓梯度力影響向內輻合，且因受科氏力影響而作氣旋式旋轉；內流空氣因離心力作用無法達颱風中心，於眼牆處急速上升，故眼牆為颱風中上升運動、降水最強處。眼牆之空

氣上升時，稍向外傾斜，尤其是高層傾斜更明顯；上升氣流至高對流層時，則因對流層頂之限制，向外做反氣旋式輻散（颱風之高層為高壓），小部分空氣則向中心處輻合、下沈，形成颱風眼。颱風眼處因下沈增溫形成強烈暖心，且因下沈作用而為無雲區；中心底層則為微弱之輻散氣流，風速亦減弱。

發展成熟的颱風，一般具有明顯的颱風眼，而環繞颱風眼之眼牆強對流區，其近地面處常為風速最大的地方；風速由最大處向上、向外遞減。近地面強風區常涵蓋相當大範圍。颱風眼牆外的螺旋狀雨帶，包含有深積雲對流降水區及較廣的層狀降水區。衛星雲圖顯示近中心有雲層覆蓋，但除眼牆外，大都為砧狀雲（深對流於高層對流層頂下外流造成之厚卷層雲），其雨量一般不太大；雨量較大之強對流區一般於螺旋雨帶內。此外，颱風結構雖具頗高之對稱性，且個案中常具相似之明顯特徵，但不對稱性和系統個別變化仍大。

（二）現階段觀測海洋上颱風之風場有那些方法

現階段觀測海洋上颱風之風場有飛機、雷達、衛星、投落送等觀測方法。

飛機觀測可得詳細中心位置和強度，雷達觀測距離太短，常無法有效提供足夠預報前置時段（Lead time 短），但可有效觀測颱風眼和降水。

目前台灣國內所進行的 dropsonde 或 aerosonde 颱風觀測，對瞭解颱風結構或外環環流有相當幫助。

衛星觀測可得最佳視覺效果的颱風外貌（含中心位置）

和運動，尤其是目前衛星遙測技術進步甚快；有些衛星觀測已具有垂直解析度。衛星仍為目前觀測颱風最重要工具之一，除位置、外貌外，亦可應用衛星資料估計颱風強度。

三、大氣積冰（atmospheric icing）對於飛機而言是個非常危險的天氣過程，試說明發生積冰的大氣條件為何？並說明防止積冰或是去積冰的方法。

解析

（一）發生積冰的大氣條件

1. 大氣溫度

飛機最嚴重積冰之氣溫在 0℃與-9.4℃之間，在-9.4℃與-25℃之間積冰，也常見。氣溫在 0℃以上者，很少積冰。

2. 過冷卻水滴

積雲、積雨雲與層積雲等最容易積冰。空中水分在冰點以下而不結冰，仍保持液體水狀態，即為過冷水滴。過冷水滴常存在於積雲、積雨雲與層積雲等不穩定空氣中，飛機飛過，空氣受擾動，過冷水滴立刻積冰於機體上。最危險之積冰常與凍雨並存，能在數秒鐘內，在機體上積成嚴重之冰量。

3. 昇華

空氣濕度大，含有過冷水氣與大量凝結核時，容易構成昇華作用，飛機穿越其間，空氣略受擾動，迅速凝聚積冰。雖晴空無雲，但在結冰高度層（freezing level）上方，氣溫與露點十分接近時，積冰之趨勢仍然存在。

212

（二）防止積冰或是去積冰的方法

1. 機械力破冰法

機翼與機尾邊緣裝置橡皮除冰套（de-ice boots），導管充氣，時充時放，除冰套漲縮變形，冰塊破碎。

2. 液體化學藥品防冰法

螺旋槳根端，不時噴出液態化學藥品如酒精等，藉離心力向外擴散至螺旋槳表面，以阻止冰晶附著其上，同時藉離心力，使已積之冰塊拋落。

3. 加熱融冰法　裝設熱氣管，輸送電熱或發動機上熱空氣於積冰部位，飛機遇有積冰危險時，開放熱氣管，使溫度不致降達冰點以下而積冰。

四、台灣海峽在春季經常有海霧發生，影響離島飛航安全甚巨。試說明海霧發生的原因為何？春天的鋒面也經常帶來以層雲為主的低雲幕天氣，試說明低雲幕層雲天氣的特徵。（25 分）

解析

（一）海霧發生的原因

冷鋒或滯留鋒前，西南氣流常引進溫暖潮濕的空氣，平流至較冷之陸面或海面，冷卻降溫，空氣中的水氣達到飽和，凝結而形成霧，是為平流霧。發生在海上或沿海地帶的平流霧，又稱海霧（sea fog），常會往內陸地區移動。有時平流霧也會和輻射霧同時產生。當風速增至 15 浬／時時，

平流霧會擴大。若風速再增強，平流霧會被抬升，變為低層雲（low stratus）或層積雲（low stratocumulus）。

　　南海季風氣流，便是每年夏季台灣海峽內海水的主要來源，隆冬時盤據在高雄西南、南海東北部海域之暖水則對台灣西南沿海地區冬霧之生成有相當重要的影響。每年春季，這些暖水在季風減弱時，又會沿著台灣西海岸迅速北上，此時桃、竹、苗一帶之沿海地區往往也發生濃密的平流霧，從而影響了台灣桃園國際機場之正常運作。

　　（二）低雲幕層雲天氣的特徵

　　層雲（Stratus）是為底部均勻、呈灰色、厚層雲會下毛毛雨（drizzle）、濛濛瀧瀧、均勻的低層雲，雲底低於 2000 公尺。由水滴所組成，陽光通常無法穿透，有時有毛毛雨。常造成低能見度。

2010 年公務人員高等考試三級考試試題

類　科：航空駕駛

一、對流是影響飛航安全的重要因子之一，列舉兩種穩
定度指數之定義，並說明如何利用這兩種穩定度指
數判斷對流的生成與發展。（20 分）

解析

1. 全指數（Total Totals Index；TT-Index）

　　全指數（Total Totals Index）是用來評估雷暴雨的強度，
全指數是由垂直總計（Vertical Totals）和交叉總計（Cross
Totals）等兩部分組成，垂直總計（Vertical Totals）代表靜力
穩定（static stability）或 850hPa 和 500hPa 間溫度遞減率。
交叉總計（Cross Totals）包含 850hPa 的露點溫度。經計算
結果，全指數係計算淨利穩定和 850hPa 的濕度，在這種情
況下，全指數並不能代表 850hPa 以下的低層濕度。此外，
如果有顯著的逆溫層存在時，儘管有高的全指數，對流還是
很小的。

$$TT = VT + CT$$
$$VT = T(850\ hPa) - T(500\ hPa)$$
$$CT = Td(850\ hPa) - T(500\ hPa)$$

T 代表該層的溫度（℃），Td 代表露點溫度（℃）。

VT＝40，接近 850-500hPa 的乾絕熱遞減率，通常 VT 都很小，如果再 VT=26 左右或以上時，代表十足的靜力不穩定，將有雷雨發生機率。要有對流，往往需要 CT>18，但是兩者的總計，全指數更為重要。

TT＝T(850 hPa) + Td（850 hPa） - 2[T(500 hPa)]（℃）

TT＝45 to 50：雷雨有可能發生。

TT＝50 to 55：雷雨發生機率更高，還可能是激烈的雷雨。

TT＝55 to 60：激烈的雷雨發生機率更高。

2. K 指數（K - Index）

K 指數是測量雷雨的潛勢，也就是測量大氣低層濕度和垂直溫度遞減率的情況。.

K＝(T850-T500)+Td850-(T-Td)700

K 值越大，大氣潛在不穩定性越大，有利於對流發展。

K-Index 值	雷雨發生機率
K<20	0%
20-23	6%
24-29	15%
30-34	30%
35-39	65%
> 39	90%

二、為什麼中緯度地區對流層的西風會隨高度增強？為什麼中緯度的西風噴流會出現在對流層頂附近？（10 分）

說明高空噴流條（Jet Streak）入區和出區附近的垂直運動與天氣特徵。（10 分）

解析

（一）中緯度地區對流層的西風會隨高度增強

熱帶地區大氣的平均溫度較高，大氣的氣層厚度比較厚，中緯度地區相對大氣平均溫度較低，大氣層厚度較薄，大氣會呈現往北傾斜降低的情況。經由科氏力跟氣壓梯度力的平衡，風的方向在低壓的南側是吹西風，中緯度的高空一般來說是很明顯的西風，低緯度由於南北溫度梯度不大厚度差異也不大，西風不明顯，甚至還會有偏東風的出現。

（二）中緯度的西風噴流會出現在對流層頂附近

空氣由赤道往北流，在往北的過程中會逐漸感受到科氏力的作用，科氏力是緯度跟風速的函數，緯度漸高則感受到的科氏力會越大，科氏力在北半球會讓運動中的氣塊往右偏，由南往北的運動往右偏就會變成西風。從熱力風原理來講，南北向的溫度差，造成東西向的垂直風切，也就是風速會往上增強，當達到一定程度，高層西風風速通常是大於50Kts，就被稱為噴流。

還有一種情況是當溫度梯度明顯加大，例如有鋒面產生，最初的靜力調節會先發生，也就是大氣傾斜的狀況變得更明顯，氣壓梯度力的作用會暫時大過科氏力，此時為了調整回

來，風速會加大，讓科氏力能回到跟氣壓梯度力平衡的狀態，也就是進行地轉調節的過程，這個風速加大的情況也會造成噴流的現象，所以鋒面的上方常有噴流，就是因為這個關係。

通常在極區對流層頂和副熱帶對流層頂間斷裂處，常是南北溫度梯度最大區，所以中緯度的西風噴流會出現在對流層頂附近。

（三）高空噴流條（Jet Streak）入區和出區附近的垂直運動與天氣特徵

在 500hPa 以上的中高對流層，約 30°N 以北大多為偏西風；在西風區中，風速最強的中心區，其風速 ≧50kt 時，稱為噴流（Jet）；若噴流區其風速分佈在沿氣流方向有顯著變化而有局部極大值時，則稱之噴流條（Jet Streak）。一般噴流條移速緩慢，空氣質點移速較快，故空氣塊會進入或離開噴流條區，故分別稱之入區（entrance region）和出區（exit region）。

高層（～300 hPa）噴流條的左前方和右後方，在地面上易有天氣現象發生或天氣系統形成。

三、說明雷雨系統發展過程三個階段（即初生期、成熟期以及消散期）的氣流與雷雨結構特徵，以及對飛航可能之影響。（20 分）

解析

（一）雷雨系統發展過程三個階段（即初生期、成熟期以及消散期）的氣流與雷雨結構特徵

1. 初生階段（growing stage）或積雲階段（cumulus stage）

雷雨在初生階段，雲中、雲上、雲下及雲周圍都有上升氣流，積雲如繼續發展，上升氣流垂直速度加強，上層最大上升氣流速度可高達每秒 15 公尺以上。積雲層中氣溫高於雲外氣溫，內外溫差在高層顯著。積雲初期雲滴小，再不斷向上伸展，雲滴逐漸增大為雨滴，被上升氣流抬高至結冰高度層以上，約在 12000 公尺高空，雨滴仍舊保持液體狀態。積雲頂高度一般約在 9000 公尺。上層過冷雨滴如再上升，部分雨滴凍結成雪，形成雨雪混雜現象，稱之濕雪（wet snow），進一步發展，最後變成乾雪（dry snow）。雨滴和雪花被上升氣流抬舉或懸浮空際，地面不見降水。

2. 成熟階段（mature stage）

在成熟階段（mature stage），大氣對流加強，積雲繼續向上伸展，發展成為積雨雲，雲中雨滴和雪花因不斷相互碰撞，體積和重量增大，直至上升垂直氣流無法支撐時，雨和雪即行下降，地面開始下大雨，雷雨到達成熟階段。雷雨階段，積雨雲雲頂一般高度約為 7500-10600 公尺，有時會沖過對流層頂，達 15000-19500 公尺。積雨雲中層和前半部厚度和寬度擴大，下雨將冷空氣拖帶而下，形成下降氣流，下降流速度不一，最大可達 15m/sec，氣流下降至距地面 1500 公尺高度時，受地面阻擋的影響，下降速度減低，並向水平方向伸展，向前方伸展較後方為多，成為楔形冷核心（cold core）。其水平方向流出之空氣，在地面上形成猛烈陣風，氣溫突降，氣壓陡升。

3. 消散階段（dissipating stage）

在消散階段（dissipating stage），雷雨在成熟階段後期，下降氣流繼續發展，上升氣流逐漸微弱，亂流急速減弱，最後下降氣流控制整個積雨雲，雲內溫度反較雲外溫度為低。自高層下降的雨滴，經過加熱與乾燥之過程後，水分蒸發，地面降水停止，下降氣流減少，積雨雲鬆散，下部出現層狀雲，上部頂平如削，為砧狀雲結構。砧狀雷雨雲之出現，並非全為雷雨衰老象徵，有時砧狀雷雨雲會出現極端惡劣之天氣。

在初生期階段，近地表的暖濕空氣受抬舉作用達到自由對流高度而逐漸地往高處發展，暖濕空氣逐漸凝結成小水滴並隨著上升氣流帶往高處。

於成熟期時，積雨雲發展達到顛峰，強勁的上升氣流可竄入平流層。水滴及冰晶等受地心引力的影響，不能再被上升氣流所支持而落下，其表面摩擦力帶動周圍空氣下降，逐漸加強向下的力產生下降氣流，故常有下爆氣流、強降水等現象發生。在消散期階段，雲內上升氣流逐漸減弱而至消失，最後僅剩下沈氣流，系統能量來源被切斷而使得雷暴系統逐漸地減弱。

（二）雷暴系統對飛航可能之影響

雷暴系統係由積雨雲所產生之一種風暴，是強烈之大氣對流現象。伴有閃電、雷聲、強烈陣風、猛烈亂流、大雨、偶或有冰雹等。雷雨產生的惡劣天氣對飛行操作構成嚴重威脅，如亂流、下沖氣流、積冰、冰雹、閃電與惡劣能見度等。飛機飛入雷雨中，會遭到危險，機身被投擲轉動，時而上升氣流突然抬高，時而有下降氣流忽然變低，冰雹打擊，雷電

閃擊，機翼積冰，雲霧迷漫，能見度低劣，機身扭轉，輕者飛行員失去控制飛機之能力，旅客暈機發生嘔吐不安現象；重者機體破損或碰山，造成空中失事之災難。

四、季風和海、陸風是影響台灣不同季節風場變化的主要天氣系統，請回答下列問題：
說明季風和形成海、陸風的原因。（10 分）
說明在冬季和夏季季風影響下，台灣的風場變化特性以及低層噴流可能出現的區域。（10 分）

解析

（一）季風和形成海、陸風的原因

1. 季風的成因

海洋和陸地主要因為比熱不同，相同加熱量或散熱量，溫度的改變也就不同。冬季陸地較冷，海洋比較暖，夏季則相反。海陸的溫度不同，造成氣壓和風向的不同，形成冬夏季風的差異。

季風以亞洲的南部和東部為最強盛，因為亞洲是地球上最大的陸地，其他有季風現象的地區尚有西班牙、澳洲北部、地中海以外的非洲、美國西岸和智利等地。

2. 海風和陸風（land and sea breezes）

在沿海地區和海洋沿岸及廣大湖泊岸邊，常因太陽輻射熱力之日夜變化和水陸比熱差異，水的比熱大於陸，使陸地溫度之增減較水面溫度者為快速。白天陸地暖於水面，夜間陸地冷於水面，其水陸溫度之差別，在夏季地面氣流穩定時

221

尤為顯著。在小範圍地區內，因水陸溫差能產生水陸間氣壓差別。溫暖陸地上，氣壓較清涼水面氣壓為低，故水面冷而重的空氣移向氣壓較低之陸地，使陸地上的暖空氣則上升。故自風從水面吹向陸地，來之風稱為海風（sea breeze）。

　　夜間，空大氣環流情況與白天完全相反，空氣自陸地移向水面，故自陸地吹來之風，稱為陸風（land breeze）。通常海風較陸風為強。

　　（二）在冬季和夏季季風影響下，台灣的風場變化特性
　　　　　以及低層噴流可能出現的區域

　1. 冬季東北季風

　　中緯度地區的歐亞大陸，冬季因為地表散熱量大於太陽加熱度，使溫度降低產生蒙古高壓（或稱西伯利亞高壓）；而同緯度的海上則出現低壓。由高壓外流的冷空氣到達臺灣時，轉變為東北風，就是東北季風。東北季風期間，每當高壓東側冷空氣迅速移到臺灣國內時，常導致寒潮（或稱寒流）。此時溫度驟降、風速增大、氣壓升高，臺灣北部、東北部及東部地區，由於在迎風面，常有陰雨綿綿的天氣。

　2. 夏季西南季風

　　夏季太陽加熱量大於地表散熱量，使陸地氣溫升高產生低壓；加上太平洋高壓增強，暖濕空氣由熱帶海洋北上注入陸地上的低壓。這股氣流，到達臺灣轉變為西南風，就是西南季風。臺灣天氣與氣候的變化，主要就是受到季風與中央山脈的影響。西南季風期，有時出現旺盛的西南氣流，潮濕高溫且不穩定的空氣，常在中央山脈西側迎風面的山區形成大量降水現象，甚或產生豪雨。

3. 低層噴流可能出現的區域

台灣梅雨鋒面前的空氣，由南邊西南氣流帶來的暖濕空氣，而鋒面後的空氣還是冷空氣，在鋒面前緣推擠暖濕空氣，一方面使得溫度梯度升高，增強熱力次環流，一方面使西南氣流的流動通道變窄，皆會使得在低層空氣加速，形成低層噴流。

低層噴流為激發中尺度對流雲系的一種重要機制，低層噴流能快速讓南方的暖濕空氣送到冷空氣的上方，有很大的垂直不穩定，會發生強烈的對流、雷雨、颮線等，皆會產生劇烈降雨。

華南地區的中尺度對流系統是低層噴流形成之因，隨著時間，系統漸漸往東南方移動，當低層噴流抵達台灣北部時，即引起豪雨，所以可以說低層噴流是導致台灣地區豪雨主原因之一種。

五、颱風侵台之路徑和風雨分布有密切之關係，舉例說明對桃園機場之飛航服務可能造成重大影響的颱風侵台路徑，以及該颱風伴隨的風雨變化特徵。

解析

（一）可能造成重大影響的颱風侵台路徑

對桃園機場之飛航服務可能造成重大影響的颱風侵台路徑為第一類通過台灣北部海面向西或西北進行者和第二類通過台灣北部向西或西北進行者。

（二）颱風伴隨的風雨變化特徵

伴隨颱風移近，雲的變化順序，大致與靠近暖鋒之順序相似，首見卷雲，繼之卷雲增厚為卷層雲，再由卷層雲形成高層雲與高積雲，進而出現大塊積雲與積雨雲，向高空聳峙，沖出雲層，最後積雲、雨層雲及積雨雲增多，與其他雲體合併，圍繞暴風眼四周構成雲牆（wall cloud）。雲牆高度可展伸至 50000 呎以上，包含狂湧大雨及最強風速。

逐漸接近中心，風力開始增強，有間歇性之陣雨，更近中心雲層加厚，出現濃密之雨層雲與積雨雲，風雨亦逐漸加強，愈近中心風力愈形猛烈，進入眼中，雨息風停，天空豁然開朗，眼區經過一地約需一小時，眼過後狂風暴雨又行大作，惟風向已與未進入眼之前相反，此後距中心漸遠，風雨亦減弱。

第一類和第二類侵台颱風路徑，颱風來臨前的外圍環流會使得台灣桃園國際機場附近出現低空風切及亂流的發生，加上環流雲雨帶常造成機場低能見度與低雲幕現象，對於航班起降安全造成潛在的威脅。颱風中心逐漸接近桃園國際機場，機場風力開始增強，有間歇性之陣雨，更近中心雲層加厚，出現濃密之雨層雲與積雨雲，風雨亦逐漸加強，愈近中心風力愈形猛烈，進入眼中，雨息風停，天空豁然開朗，眼區經過一地約需一小時，眼過後狂風暴雨又行大作，惟風向已與未進入眼之前相反，此後距中心漸遠，風雨亦減弱。

2011 年公務人員高等考試三級考試試題

類　科：航空駕駛

科　目：航空氣象

一、有一類中尺度對流系統（mesoscale convective system）稱之為前導對流尾隨層狀降雨颮線（leading convection and trailing stratiform precipitation squall line），試說明：此類颮線系統的運動場特徵、降雨場特徵，以及氣壓場特徵。（15 分）
此類颮線系統對飛航安全的可能影響。（10 分）

解析

　　颮線是由若干排列成行的雷暴單胞或雷暴群所組成的強對流天氣帶。這個天氣帶長度約幾十到二、三百公里，寬度一般小於 1 公里，生命期約幾小時至幾十小時，是比普通雷暴影響範圍更大的對稱型的中尺度天氣系統。颮線比個別單胞帶來的天氣變化要劇烈得多。颮線處於雷暴雲下降冷空氣的前緣，空間結構和冷鋒酷似，都是冷暖空氣的分界面。颮線過境時，常會出現風向突變、風速劇增、氣溫突降和氣壓驟升等劇烈的天氣變化是它的主要特徵。

　　（一）運動場特徵

　　颮線產生於垂直風切變較大的區域，多數是由中層或高層冷平流疊加在低層暖濕氣流之上所致。因此，在高空低壓

槽和冷性氣旋渦旋的南或西南方、在高空低壓槽前、副熱帶高壓西北方的暖濕氣流裡易伴隨颮線的生成。大部分的颮線與鋒面活動有關，主要發生在地面冷鋒前 100～500 公里的暖區內。

颮線前天氣較好，多為偏南風，且發展到成熟階段的颮線前鋒常伴有中尺度低壓。颮線後天氣變壞，風向急轉為偏北、偏西風，風力大增，颮線之後，一般有扁長的雷暴高壓帶和一種明顯的冷中心，在雷暴高壓後方，有時伴有一個中尺度低壓，由於他尾隨在雷暴高壓之後，故稱之為尾流低壓。颮線沿線到後方高壓區內，有暴雨、冰雹和龍捲風等天氣。

（二）降雨場特徵

當颮線過境時，數個強度不等的積雨群常會帶來強降水、冰雹，以及頻繁的閃電。也即沿颮線產生之雷雨與沿鋒面產生之雷雨相似，惟較為猛烈，雲底低而雲頂高聳，最猛烈颮線雷雨通常有冰雹，颮風（squall winds），甚至龍捲風伴生。

（三）氣壓場特徵

在颮線後方通常會伴隨一種中尺度高壓系統，使得颮線過境後，受到颮線後方的高壓影響，氣壓陡升。

（四）颮線系統對飛航安全的可能影響

颮線系統係由積雨雲所產生之一種風暴，是強烈之大氣對流現象。伴有閃電、雷聲、強烈陣風、猛烈亂流、大雨、偶或有冰雹等惡劣天氣，對飛行操作構成嚴重威脅，。飛機飛入雷雨中，會遭到危險，機身被投擲轉動，時而上升氣流突然抬高，時而有下降氣流忽然變低，冰雹打擊，雷電閃擊，

機翼積冰,雲霧迷漫,能見度低劣,機身扭轉,輕者飛行員失去控制飛機之能力,旅客暈機發生嘔吐不安現象;重者機體破損或碰山,造成空中失事之災難。

二、臺灣雖然不是聯合國世界氣象組織的成員,但是氣象作業單位仍然依照世界氣象組織各國的共識,每天上午八點和晚上八點(地方時)各釋放氣象高空氣球一顆,探測大氣層的氣壓、溫度、濕度以及風場。試說明:

探空氣球風場探測的基本原理。(10分)

如何利用探空資料估計大氣穩定度。(10分)

大氣穩定度和雲(clouds)的關係。(10分)

解析

(一)探空氣球風場探測的基本原理

將氣象儀器繫在充灌氫氣之氣球,使之在大氣中自由飛升,而以無線電探測儀追蹤並接收其所發射之信號,藉以測定高空風。

目前高空風主要的觀測法有無線電經緯儀法、導航測風法和 GPS 法。無線電經緯儀法主要利用自動追蹤氣球的天線,接收由氣球攜帶升空的探空儀所發射出之無線電波,而量測出探空儀的仰角與方位角之位置。由天線仰角與方位角隨時間的改變,利用單經緯儀法之向量計算公式求得高空各層的風向與風速。

導航測風法係利用航空、航海的定位方法來量測風向與

風速，基本上以氣球攜帶導航信號接收器接收位於固定地點所發射的導航信號，並將接收到的信號傳送到地面接收站（探空站），利用各個地點發射不同信號之到達時間差距來計算氣球的位置。由於探空儀接收不同地點所發射的信號後，再傳送到探空站的路徑，對每一信號而言皆相同，所以探空站可以移動，亦即探空站可以置於船上或可移動之探空站。這種測風法主要有 LORAN-C 與 Omega 法。

GPS 為全球定位系統（Global Positioning System）之縮寫。GPS 法主要利用全球 24 個 GPS 衛星，作為氣球之定位，尤其移動的軌跡計算出各層的風資料。GPS 探空儀接收涵蓋於其上之所有衛星信號經壓縮組合後，將所有衛星之信號及探空儀所探測到之氣象資料等，同時以 400-406MHZ 之頻率信號傳送到地面探空站，地面探空站之接收系統同時接收涵蓋於其上空之為衛星信號與探空儀信號，予以處理後，即可準確地定出地面探空站及探空儀之位置和高度，解兩者之軌跡即可得到高空各層之風向與風速。

（二）利用探空資料估計大氣穩定度

由上升氣塊的溫度和環境溫度來比較，可決定大氣的穩定度。如果上升氣塊溫度比環境為冷，密度變大變重，氣塊傾向回到原來的高度，此時大氣是穩定的。如果上升氣塊溫度比環境為暖，密度變小變輕，氣塊繼續上升，直到兩者溫度相同時，才不再上升，此時大氣是不穩定的。

當環境溫度直減率小於濕絕熱直減率時，大氣經常是絕對穩定。卷層雲、高層雲、雨層雲、或層雲都在穩定大氣中形成。

　　氣塊直減率等於乾空氣直減率時，未飽和氣塊上升冷卻或下降增溫都和環境溫度相同。在這一高度，氣塊和環境都是相同的溫度和密度。氣塊傾向不是繼續上升，也不再下降，此時大氣是中性穩定。當環境直減率等於濕絕熱直減率時，飽和空氣是屬於中性穩定。

　　當環境直減率大於乾絕熱直減率時，大氣是屬於絕對不穩定。環境直減率超過乾絕熱直減率時，此直減率稱為超絕熱。

　　當環境直減率介於濕絕熱直減率和乾絕熱直減率時，大氣是屬於條件性不穩定。

　　（三）大氣穩定度和雲（clouds）的關係

　　大氣層之穩定度有助於決定雲型，穩定空氣被迫沿山坡爬升，產生層狀雲，垂直氣流極小，雲中少有大氣亂流。

　　不穩定空氣被迫沿山坡爬升，山頂出現高聳之積狀雲，垂直氣流發展強烈，雲中亂流現象則大。

三、以地面測站觀測以及都卜勒雷達觀測，說明陣風鋒面的結構特徵。並說明此現象對飛航安全的影響。

解析

　　（一）陣風鋒面的結構特徵

1. 地面測站觀測

　　陣風鋒面通過時，地面測站可以觀測到氣溫突降、風向轉變、氣壓跳升、大雨爆發和風速驟增。

　　雷暴系統發展後期，積雨雲中之水滴或冰晶重量增加，

上升氣流再無力支撐，阻礙氣流上升。大水滴不克懸浮空中，降落地面，為降雨。雨滴在降落途中，摩擦拖曳力，帶著大小水滴及周圍空氣隨著下降，氣壓增加，加強下降氣流，在降雨區造成強烈之下沖氣流。濕冷空氣到達地面時，迅速向外沖出，與周遭暖空氣接觸，形成強烈之陣風鋒面。地面測站也可以觀測到風速忽然變強且空氣變涼，也有些許的降雨。

2. 都卜勒雷達觀測

陣風鋒面是指雷暴系統在雨滴大量快速落下時，拖曳冷空氣快速下降，在近地面時改變方向，沿地面附近向雷暴系統前側而沖去，而地表附近因為摩擦力的關系，離地面高一點的地方，用垂直剖面來看會有一個突出的鼻狀鋒面。因此陣風鋒面為雷暴系統前一道快速前推的冷空氣，會把前側的暖濕空氣快速舉升，而使之產生對流降雨。陣風鋒面會帶來冷又強的陣風以及降雨，在都卜勒雷達可以看到有雷暴系統前有一道風速快的鋒面。

（二）對飛航安全的影響

由於陣風鋒面會帶來強陣風，近地面飛行可能造成側風或亂流，飛機起降，也要格外注意，而陣風鋒面上面側帶有強烈的上升氣流，也會造成強烈的亂流，飛機飛行在雷暴統的前側也是非常的危險的。

陣風鋒面上常引發風切亂流，出現於低空雲層中與雲層下方。不規則且突然出現短暫的強風稱為陣風，陣風係由上升氣流和下降氣流間風切作用（shearing action）和抬升作用（lifting action）而產生。

四、龍捲風是地球上最劇烈的天氣系統，其最大風速常
可高達 150 公尺每秒（m/sec）以上。美國洛磯山
脈東側之中西部（Mid-west）是全世界龍捲風發生
最頻繁的地區：龍捲風形成最重要的環境條件之
一要有所謂的垂直風切（vertical wind shear），試
說明洛磯山脈東側為何龍捲風非常容易發生？
（10 分）
龍捲風經常伴隨雷暴系統一起發生，試說明雷暴系
統的結構，並指出何處最有利於龍捲風的發生？

解析

（一）洛磯山脈東側為何龍捲風非常容易發生？

洛磯山脈東側，即美國中西部地區，高層有來自洛磯山
脈西側較乾冷的空氣，越過低層來自墨西哥灣暖濕空氣，產
生條件性不穩定大氣。強烈垂直風切，使地面空氣被迫急速
上升，產生強烈的雷暴，強烈雷暴常引發龍捲風的形成。春
季是龍捲風形成的頻率為最高。

（二）雷暴系統的結構

熱空氣猛烈上升，在高空遇到冷空氣，由於中央的上升
氣流極為強烈，會使雲下空氣急劇上升，在其周邊的空氣（雷
雨雲的下方）隨之產生旋轉運動，形成小漩渦，當小漩渦上
下激盪的非常厲害時，旋渦（或中央旋風）的動力產生足夠
的力氣，把龍捲風下方的漏斗狀旋風以驚人的速度旋轉，漏
斗狀旋風延伸到地面後，就形成了龍捲風。龍捲風的漏斗雲

內的氣壓極低，基本上要低壓、高溫、高濕，且有可能以每小時 500 公里的速度，引發漏斗狀的空氣漩渦，其風速遠高於颶風的風速。一些龍捲風是由幾個小的漏斗狀風組成。龍捲風的定義一定連接著地面和天空。

（三）最有利於龍捲風的發生？

在氣象雷達螢幕上，出現龍捲風的區域會呈現一個勾狀回波。在雷達幕上，一個典型的「勾狀回波」代表可能存在龍捲風的區域。

五、臺灣每年都遭受許多颱風的影響，造成非常大的災害，對飛航安全也影響至鉅。中央氣象局在發布颱風警報時，依據颱風特性提供非常多的資訊。試說明下列資訊的涵義：（每小題 5 分，共 25 分）

（一）海上颱風警報發布時機

（二）颱風強度的界定

（三）七級風和十級風暴風半徑

（四）颱風路徑的機率預報

（五）解除颱風警報的時機

解析

（一）海上颱風警報發布時機

海上颱風警報－預測 24 小時內，颱風 7 級風暴風半徑範圍，可能侵襲臺灣或金門、馬祖 100 公里以內海域時，應發布各該海域海上颱風警報，以後每隔 3 小時發布一次，必要時得加發之。

（二）颱風強度的界定

颱風的強度是以近中心附近最大平均風速為標準，劃分為 3 種強度，如下表：

颱風強度劃分表

颱風強度	近中心最大風速			
	公里/小時	公尺/秒	海裡/小時	蒲福風級
輕度	62～117	17.2～32.6	34～63	8～11
中度	118～183	32.7～50.9	64～99	12～15
強烈	184 以上	51.0 以上	100 以上	16 以上

（三）七級風和十級風暴風半徑

在颱風眼的邊緣是颱風風力最強的地方，然後愈向外風愈小，自颱風中心向外至平均風速每小時 28 海裡的地方（每秒 14 公尺，七級風風速下限），這一段距離稱為七級風暴風半徑，在這暴風半徑以內的區域，即為暴風範圍。

自颱風中心向外至平均風速每小時 48 海裡的地方（每秒 25 公尺，十級風風速下限），這一段距離稱為十級風暴風半徑。

（四）颱風路徑的機率預報（颱風路徑潛勢預報）

颱風未來 72 小時路徑潛勢（70%機率）範圍，各圓圈代表各不同預報時間的颱風中心預報位置可能範圍，預報時間越長路徑潛勢範圍越大。

（五）解除颱風警報的時機

颱風之 7 級風暴風範圍離開臺灣及金門、馬祖陸上時，

應即解除陸上颱風警報；7級風暴風範圍離開臺灣及金門、馬祖近海時，應即解除海上颱風警報。颱風轉向或消滅時，得直接解除颱風警報。

2011 年公務人員薦任升官等考試試題

類　科：航空管制

科　目：航空氣象學

一、國內第一座都卜勒氣象雷達為交通部民用航空局
　　所建置，試說明都卜勒氣象雷達和傳統氣象雷達所
　　能觀測的氣象要素之異同，並說明都卜勒氣象雷達
　　觀測資料在飛行安全上的重要應用。（25 分）

解析

　　（一）都卜勒氣象雷達和傳統氣象雷達所能觀測的氣
　　　　　象要素之異同

　　都卜勒氣象雷達和傳統氣象雷達都能觀測颱風、雷雨、
鋒面等降水回波的強度，而都卜勒氣象雷達更可以觀測到徑
向風場，也即觀測到遠離或接近雷達位址的風速，兩部以上
在一定距離內還可以還原成實際風場。傳統氣象雷達則無法
觀測到徑向風場。

　　（二）都卜勒氣象雷達觀測資料在飛行安全上的重要
　　　　　應用

　　都卜勒氣象雷達觀測到颱風位置、颱風雨帶、颱風風
場，雷雨回波強度、雷雨風場和其引發的低層亂流，鋒面位
置、鋒面移動速度和鋒面前後風場，這些都是應用在飛行安

235

全上有其重要性，更可提高飛行安全和飛航品質。

二、飛機起飛和降落時需考慮能見度，霧的出現將使能見度明顯降低而可能延遲航機的起飛和降落，試說明霧的成因，並討論可能導致霧形成的機制或過程。（25 分）

解析

（一）霧發生之原因

1. 因空氣冷卻降溫，氣溫接近露點溫度，空氣中水氣達到飽和而形成霧。冷卻霧，通常在地面逆溫層下之穩定空氣中產生。如輻射霧（radiation fog）、平流霧（advection fog）、升坡霧（upslope fog）和冰霧（ice fog）等。

2. 因近地層水汽增加而使露點溫度增加而接近氣溫，空氣中水汽達到飽和而成為霧，如鋒面霧（frontal fog）和蒸汽霧（steam fog）等

（二）導致霧形成的機制或過程

1. 輻射霧

近地表空氣因夜間地表輻射（terrestrial radiation）冷卻，氣溫降接近露點溫度，空氣中水氣達到飽和而凝結成細微水滴，懸浮於低層空氣中，是為輻射霧。

2. 平流霧

溫暖潮濕的空氣平流至較冷之陸面或海面，冷卻降溫，空氣中的水氣達到飽和，凝結而形成霧，是為平流霧。

3. 升坡霧

潮濕空氣吹向山坡而抬升，經絕熱膨脹冷卻作用，溫度

降低，水氣飽和，在半山腰或山頂上凝結形成霧，稱為升坡霧。

4. 冰霧

空氣含水氣充沛，在極寒冷和靜風之下，水氣常易直接凍結為冰霧。

5. 鋒面霧

暖鋒前有廣闊的下雨區，在接近地面之暖鋒下方的冷氣團，常發生大霧，稱之為鋒面霧。其形成原因係為暖空氣爬上暖鋒斜坡而冷卻，凝結形成雨水（warm rain），比較暖的雨水降落於暖鋒斜坡下方的冷氣團裡而蒸發，增加了冷空氣中的水氣，形成飽和狀態，凝結形成大霧。

6. 蒸氣霧

冷空氣流經暖水面，暖水面的水氣蒸發出來，凝結形成霧，稱之為蒸汽霧

三、晴空亂流（CAT）常影響飛行安全，而晴空亂流常出現於噴流區附近；試說明何以中緯度地區之高空常存在有西風噴流，說明中須包含此西風噴流及其伴隨的大氣垂直結構特徵，此外並討論此西風噴流之季節變化特性。（25 分）

解析

（一）中緯度地區之高空常存在有西風噴流

熱帶地區大氣的平均溫度較高，大氣的氣層厚度比較厚，

中緯度地區相對大氣平均溫度較低，大氣層厚度較薄，所以大氣會呈現往北傾斜降低的情況。經由科氏力跟氣壓梯度力的平衡，風的方向在低壓的南側是吹西風，中緯度的高空一般來說是很明顯的西風，低緯度由於南北溫度梯度不大厚度差異也不大，所以西風不明顯，甚至還會有偏東風的出現。

　　空氣由赤道往北流，在往北的過程中會逐漸感受到科氏力的作用，科氏力是緯度跟風速的函數，緯度漸高則感受到的科氏力會越大，科氏力在北半球會讓運動中的氣塊往右偏，由南往北的運動往右偏就會變成西風。從熱力風原理來講，南北向的溫度差，造成東西向的垂直風切，也就是風速會往上增強，當達到一定程度，高層西風風速通常是大於50Kts，就被稱為噴流。

　　還有一種情況是當溫度梯度明顯加大，例如有鋒面產生，最初的靜力調節會先發生，也就是大氣傾斜的狀況變得更明顯，氣壓梯度力的作用會暫時大過科氏力，此時為了調整回來，風速會加大，讓科氏力能回到跟氣壓梯度力平衡的狀態，也就是進行地轉調節的過程，這個風速加大的情況也會造成噴流的現象，所以鋒面的上方常有噴流，就是因為這個關係。

　　通常在極區對流層頂和副熱帶對流層頂間斷裂處，常是南北溫度梯度最大區，所以中緯度的西風噴流會出現在對流層頂附近。

　　（二）西風噴流及其伴隨的大氣垂直結構特徵

　　在 500hPa 以上的中高對流層，約 300N 以北大多為偏西風；在西風區中，風速最強的中心區，其風速≧50kt 時，稱

為噴流（Jet）；若噴流區其風速分佈在沿氣流方向有顯著變化而有局部極大值時，則稱之噴流條（Jet Streak）。噴流條一般移速緩慢，空氣質點之移速較快，故空氣塊會進入或離開噴流條區，故分別稱之入區（entrance region）和出區（exit region）。高層（～300 hPa）噴流條的左前方和右後方，在地面上易有天氣現象發生或天氣系統形成。

（三）西風噴流之季節變化特性

噴射氣流平均位置與極鋒同進退，冬季南移，最南極限約在 20°N；夏季向北退至 40°N 與 45°N 間。噴射氣流底層高度亦因季節與強度而有不同，冬季可低至 3,600 公尺或 4,500 公尺，但平常為 6,700 公尺左右，夏季高度概在 6,000-9,000 公尺。

副熱帶噴射氣流是一條環繞地球溫帶地區一周之帶狀高速氣流，但常常斷裂成一系列顯著而不連續之片段。它南北水平向波動與垂直向起伏，在同一時間會有兩條或兩條以上噴射氣流出現。當噴射氣流與極鋒伴隨時，噴射氣流位於暖空氣中，並位於極地氣團與熱帶氣團間最大溫度梯度之南緣或沿著南緣一帶。

噴射氣流在中高緯度，受到極鋒冬夏季節之南北位移，噴射氣流平均位置亦隨之南北移動，即冬季南移，與夏季北移，並且冬季強於夏季。

四、颱風伴隨有強風和劇烈對流，是影響飛航安全最重要的天氣系統之一種；試說明西北太平洋地區颱風的運動特徵，並簡要討論不同路徑之侵台颱風對臺

灣天氣的影響程度。（25 分）

解析

（一）西北太平洋地區颱風的運動特徵

颱風的進行方向，一般都受大範圍氣流所控制，在北太平洋西部生成的颱風，主要受太平洋副熱帶高氣壓環流所導引，因此在太平洋上多以偏西路徑移動，但到達臺灣或菲律賓附近時，常在太平洋副熱帶高氣壓邊緣，故路徑變化多端，有繼續向西進行者，有轉向東北方向進行者，更有在原地停留或打轉者。一般而言，導引氣流明顯時，颱風的行徑較規則，否則颱風的行徑較富變化。

颱風常受太平洋副熱帶高壓環流的影響而移動，低緯度颱風初期位在太平洋副熱帶高壓南緣，多自東向西移動，其後位在副熱帶高壓西南緣，逐漸偏向西南西以至西北，至 20°N 至 25°N 附近，颱風位在副熱帶高壓西北或北緣，此時颱風受到低空熱帶系統與高空盛行西風系統互為控制之影響下，致使其移向不穩定，甚至反向或回轉移動，最後盛行西風佔優勢，終於在其控制之下，漸轉北進行，最後進入西風帶而轉向東北，在中緯度地帶，漸趨消滅，或變質為溫帶氣旋。颱風全部路徑，大略如拋物線形。

（二）不同路徑之侵台颱風對臺灣天氣的影響程度。

我們把影響臺灣地區的颱風路徑分成 10 類：

（1）第 1 類：通過臺灣北部海面向西或西北進行者，占 12.7%。

（2）第 2 類：通過臺灣北部向西或西北進行者，占 12.7%。

（3）第 3 類：通過中部向西或西北進行者，占 12.7%。

（4）第 4 類：通過臺灣南部向西或西北進行者，占 9.5%。

（5）第 5 類：通過臺灣南部海面向西或西北進行者，占 19%。

（6）第 6 類：沿東岸或東部海面北上者，占 13.3%。

（7）第 7 類：沿西岸或臺灣海峽北上者，占 6.6%。

（8）第 8 類：通過臺灣南部海面向東或東北進行者，占 3.7%。

（9）第 9 類：通過臺灣南部向東或東北進行者，占 6.9%。

（10）第 10 類：無法歸於以上的特殊路徑，占 2.9%。

當颱風侵襲時（含中心經過及暴風圈影響），各地出現的風力大小，除與颱風的強度有關外，亦與當地的地形、高度以及颱風的路徑有密切關係。臺灣地區的地形複雜，而颱風的路徑亦不一致，各地的風力相差甚大，一般可歸納如下：

（1）東部地區：因地處颱風之要衝，且無地形阻擋，故本區出現的風力為全台之冠。尤以第 2、3、4 類颱風出現的風力最為猛烈，第 5、8 類颱風出現的風力亦甚烈。

（2）北部、東北部地區：此區以第 2、3 類颱風出現的風力最為猛烈，其他第 1、4、6 類颱風所出現的風力次之。

（3）中部地區：因為中央山脈屏障，除第 3、7、9 類颱風出現的風力較強外，其他各類颱風出現的風力多不太強。

（4）南部地區：因為中央山脈屏障，除第 3、4、7、9

類颱風出現的風力較為猛烈外，其餘各類颱風出現的風力均不會太強。

（三）颱風侵襲時臺灣地區的降雨狀況如何？

颱風挾帶豐富水氣，故侵襲時往往帶來豪雨，而這種豪雨又受制於颱風路徑、地形、強度、水氣含量、移動速度及雲雨分布等不同因素影響，而使各地降雨量產生很大差別。唯根據路徑分析，各地降雨情況可歸納出下面幾種情形：

（1）第 2、3、6 類路徑颱風的降雨以北部及東北部地區最嚴重，中部山區雨量亦多，如入秋（9 月）後有東北季風南下，更能加大雨勢，致常引起北部及東北部地區的水災。另第 4、5 類路徑颱風如在入秋侵台，北部及東北部地區雨量（尤其山區）亦甚大，應注意防範。

（2）第 3 類路徑颱風在登陸前，北部及東部地區雨勢亦強，穿過中部地區後，南部地區因偏南風吹入，致使雨勢加強，但以中南部山區雨量增加最多。

（3）第 4、5 類路徑颱風從臺灣南端或近海通過，除東南部地區雨量較多之外，其他地區雨量不多。

（4）第 6 類路徑颱風沿東岸或東方海面北上（例民國 87 年 10 月的瑞伯颱風），以東部地區降雨最多，北部及東北部地區有時亦有較大雨勢。

（5）第 7、8 類路徑颱風對西南部及東南部地區影響較大，雨量最多雨勢亦大，東部、北部及東北部地區雨量並不多。

（6）第 9 類路徑颱風為一較特殊路徑的颱風，其影響

視颱風強度及暴風範圍（半徑）而定，一般以中南部及澎湖地區最嚴重，其他地區次之。例如民國 75 年 8 月的韋恩颱風，造成全台風雨均甚大，但以中南部及澎湖地區災害損失最多。

2011 年公務人員特種考試民航人員

考試試題

類　科：飛航管制、飛航諮詢

科　目：航空氣象學

一、試闡述影響颱風強度變化的大氣過程（15 分），並說明海洋可能扮演的角色（10 分）。

解析

（一）影響颱風強度變化的大氣過程

1. 廣大海洋，高溫潮濕，風力微弱，有利於對流作用之進行。

2. 南北緯 5°與 20°間，科氏力作用有助於氣旋環流之形成。

3. 對流旺盛，氣流上升，降水豐沛，所釋放之潛能，足以助長對流之進行，使低層暖空氣內流。

4. 因地轉作用，內流空氣乃成渦漩行徑吹入，角運動量（angular momentum）之保守作用，為造成強烈環流之原因。

5. 熱帶風暴區內氣流運行強烈，上升氣流之大量凝結釋放潛熱作用，能量供應充足。

6. 南北緯 5°與 20°間海洋，處於赤道輻合區，氣流輻合，利於渦旋之生成。

　　具體言之，影響颱風強度變化的大氣過程為廣大洋面，海面溫度大於 26.5°C，天氣系統有低空輻合以及氣旋型風切等現象。產生颱風之溫床為東風波、高空槽與沿著東北信風及東南信風輻合區之間熱帶輻合帶（ITCZ），此外，尚須在對流層上空有水平外流的輻散作用。

　　上述條件配合之下，產生空氣柱之煙囪（chimney）現象，空氣被迫上升，凝結成雲致雨，由於凝結，大量潛熱放出，使周圍空氣溫度升高，進而加速空氣上升運動。氣溫上升，導致低層氣壓降低，又增加低空輻合作用，因而吸引更多水氣進入熱帶氣旋系統中。如此連鎖反應繼續進行，形成巨大渦旋，於是颱風形成。

　　新生之熱帶風暴，範圍小，威力弱，但由於氣流旋轉上升，發生絕熱冷卻，水氣凝結，釋出大量潛熱，能量增加，氣旋逐漸生長發達，成熟後，範圍擴大。至於其伴生之雲系，範圍則較颱風範圍更廣。

　　（二）海洋可能扮演的角色

　　廣大海洋，高溫潮濕，對流旺盛，提供豐沛的水氣，當氣流上升，水氣凝結，釋放大量的潛熱，助長對流之進行。洋面上暖空氣輻合，空氣被迫上升，水氣繼續凝結成雲致雨，大量潛熱放出，使周圍空氣溫度升高，進而加速空氣上升運動。氣溫上升，導致低層氣壓降低，又增加低空輻合作用，因而吸引更多水氣進入熱帶氣旋系統中。如此連鎖反應繼續進行時，形成巨大渦旋，於是颱風形成或加強。

二、產生豪雨的天氣系統常和組織性雷暴天氣有關，有時又稱為劇烈中尺度對流系統。在臺灣春夏交接之際（梅雨季），常有豪雨天氣的發生：

試說明此一時期有利於豪雨天氣發生的綜觀環境條件。（15 分）

說明中尺度對流系統對飛航安全的可能影響。

解析

（一）有利於豪雨天氣發生的綜觀環境條件

臺灣春夏交接之際（梅雨季），由於東亞大陸冷氣團減弱，太平洋副熱帶高壓勢力增強，兩氣團勢力相當。每當大陸冷氣團南移，帶來東北季風，和太平洋副熱帶高壓西伸，帶來西南季風，兩者交界會合，形成近似滯留的梅雨鋒面，徘徊於台灣及其鄰近地區，而導致連續性或間歇性降雨，間或夾帶豪雨。

地面天氣圖鋒面位於臺灣附近，850hPa 高空天氣圖出現低層噴流(30-40Kts)、在臺灣西或西北方有低壓出現。500hPa 高空天氣圖有深槽且有垂直地面鋒面之氣流。300hPa 高空天氣圖有強的分流、在臺灣北方 5 個緯度內之風速≧60Kts。也即地面天氣圖有鋒面擾動輻合、低層強風（噴流）攜帶暖濕空氣，中層短槽提供上升運動和高對流層分流（輻散）等條件配合，是為豪雨系統（MCSs）形成與加強的有利環境條件。

低層不只有風切的擾動輻合，亦伴隨有強風帶攜帶暖濕空氣至台灣南部，中層有深槽提供上升運動，加上高對流層有明顯分流等配合，造成許多旺盛對流系統一個接一個沿著

鋒面向東移入台灣中南部，造成中南部地區出現超大豪雨。

（二）中尺度對流系統對飛航安全的可能影響

中尺度對流系統雷雨係由積雨雲所產生之一種風暴，是強烈之大氣對流現象。伴有閃電、雷聲、強烈陣風、猛烈亂流、大雨、偶或有冰雹等。雷雨產生的惡劣天氣對飛行操作構成嚴重威脅，如亂流、下衝氣流、積冰、冰雹、閃電與惡劣能見度等。

飛機飛入雷雨中，會遭到危險，機身被投擲轉動，時而上升氣流突然抬高，時而有下降氣流忽然變低，冰雹打擊，雷電閃擊，機翼積冰，雲霧迷漫，能見度低劣，機身扭轉，輕者飛行員失去控制飛機之能力，旅客暈機發生嘔吐不安現象；重者機體破損或碰山，造成空中失事之災難。

中尺度對流系統中的雷雨，常引發亂流（turbulence）、冰雹（hail）、閃電（lightning）、積冰（icing）、降水（precipitation）、地面風（surface winds）、下爆氣流（downburst）、氣壓變化、龍捲風（tornado）、颮線（squall lines）以及低雲幕與壞能見度（low ceiling and poor visibility）等天氣，對飛航安全構成危險。

三、大氣中雲的種類、雲的高度、以及雲量多寡等都會影響飛航路徑設計與安全：

（一）試闡述積雲和層雲微結構特徵差異。（15分）

（二）雷暴主要由積雨雲組成，試說明雷暴的微結構特徵。（10分）

解析

（一）積雲和層雲微結構特徵差異

1. 積雲

孤立堆積成花椰菜或塔狀雲形，邊緣分明，陽光照射部分呈白色且特別明亮，雲內部垂直上升強烈，隆起像圓頂或高塔。積雲底較暗近乎扁平，同時有往上堆積的現象。換言之，積雲常有強烈的對流上升和下降氣流現象。通常大氣有對流不穩定時，常產生積狀雲。在積狀雲中或鄰近都有相當程度之亂流。

積雲最初發展時，天氣良好，繼續發展相當深厚時，內部會有顯著亂流和積冰現象。在積雲階段，雲中、雲上、雲下及雲周圍都有上升氣流，積雲如繼續發展，上升氣流垂直速度加強，上層最大上升氣流速度可高達每秒 15 公尺以上。積雲層中氣溫高於雲外氣溫，內外溫差在高層顯著。積雲初期雲滴小，再不斷向上伸展，雲滴逐漸增大為雨滴，被上升氣流抬高至結冰高度層以上，約在 12000 公尺高空，雨滴仍舊保持液體狀態。積雲頂高度一般約在 9000 公尺。上層過冷雨滴如再上升，部分雨滴凍結成雪，形成雨雪混雜現象，稱為濕雪（wet snow），進一步發展，最後變成乾雪（dry snow）。雨滴和雪花被上升氣流抬舉或懸浮空際，地面不見降水。

2. 層雲

灰色雲，瀰漫天空，無結構，似霧而不著地，厚層雲會下毛毛雨（drizzle）或雪粒（snow grains），較薄層雲在潮濕的空氣係因擾動和地形抬升或潮濕空氣與冷地面接觸所形

成。碎狀層雲可能從高層雲或雨層雲下雨或下雪時所形成。層雲，無垂直對流，雲中無亂流。穩定空氣被迫沿山坡上升，以層狀雲居多，無亂流現象。

層雲，空氣穩定，飛行平順，惟常碰到壞能見度與低雲幕，必須實施儀器飛行規則（IFR）飛行。

（二）雷暴的微結構特徵

雷雨由無數雷雨個體或雷雨胞（cell）組成，大半成群結隊，連續發生，雷雨群之範圍可能廣達數百哩，雷雨延續時間長至六小時以上，但雷雨個體範圍很小，直徑很少超過十數公里以上者。雷雨個體，整個生命自二十分鐘至一個半小時間，很少超過二小時者。

雷暴在積雲階段（cumulus stage）時，雲中、雲上、雲下及雲周圍都有上升氣流，積雲如繼續發展，上升氣流垂直速度加強，上層最大上升氣流速度可高達每秒 15 公尺以上。積雲層中氣溫高於雲外氣溫，內外溫差在高層顯著。積雲初期雲滴小，再不斷向上伸展，雲滴逐漸增大為雨滴，被上升氣流抬高至結冰高度層以上，約在 12000 公尺高空，雨滴仍舊保持液體狀態。積雲頂高度一般約在 9000 公尺。上層過冷雨滴如再上升，部分雨滴凍結成雪，形成雨雪混雜現象，稱為濕雪，進一步發展，最後變成乾雪。雨滴和雪花被上升氣流抬舉或懸浮空際，地面不見降水。

雷暴在成熟階段時，大氣對流加強，積雲繼續向上伸展，發展成為積雨雲，雲中雨滴和雪花因不斷相互碰撞，體積和重量增大，直至上升垂直氣流無法支撐時，雨和雪即行下降，地面開始下大雨，雷雨到達成熟階段。在雷暴成熟階

段時，積雨雲雲頂一般高度約為 7500-10600 公尺，有時會沖過對流層頂，達 15000-19500 公尺。積雨雲中層和前半部厚度和寬度擴大，下雨將冷空氣拖帶而下，形成下降氣流，下降流速度不一，最大可達 15m/sec，氣流下降至距地面 1500 公尺高度時，受地面阻擋的影響，下降速度減低，並向水平方向伸展，向前方伸展較後方為多，成為楔形冷核心（cold core）。其水平方向流出之空氣，在地面上形成猛烈陣風，氣溫突降，氣壓陡升。

雷暴在消散階段時，雷雨在成熟階段後期，下降氣流繼續發展，上升氣流逐漸微弱，亂流急速減弱，最後下降氣流控制整個積雨雲，雲內溫度反較雲外為低。自高層下降的雨滴，經過加熱與乾燥之過程後，水分蒸發，地面降水停止，下降氣流減少，積雨雲鬆散，下部出現層狀雲，上部頂平如削，為砧狀雲結構。

四、複雜地形是許多局部且變化多端天氣現象形成的原因，對於山區飛航造成重大威脅。試說明：
（一）地形如何影響氣流分布。（10 分）
（二）地形如何影響降雨的分布。（15 分）

解析

（一）地形如何影響氣流分布

地形對氣流的影響方式分成熱力的強迫作用與動力的機械作用兩類。地表與大氣間因可感熱，潛熱以及輻射熱的交換所引起的效應屬於熱力的強迫作用;而一般摩擦，阻擋

等則可歸類為機械之作用。

地形熱力作用所引發的大尺度環流為由廣闊山區與低地共同形成的區域性環流，中尺度環流則包括海陸風環流，山谷風環流及都市鄉村間的熱島環流等，小尺度流場則有斜坡風。

地形之動力作用對大氣流場的影響規模可分三尺度：

第一是因大尺度的地球自轉效應，而在連綿山系所形成的行星尺度波狀運動，包括下列三個主要的過程：1.經由摩擦和形狀阻力將角動量傳送至地表。2 氣流的阻塞（Blocking）和偏轉（flection）。3 能量通量的調整。

第二是因山脈因素而對綜觀尺度天氣系統所生的修正作用，其有兩個重要的作用：1 使越山的鋒面氣旋產生結構上的修正作用，2 在山脈的背風坡，使氣旋生成獲得加強。

第三是各種尺度的地形因局部重力作用而導致的波狀運動，在迎風坡會產生山前逆流效應或柱狀擾動等；在山地上空產生山岳波；在背風坡會產生背風波（Lee waves）波動和下坡風（Katabatic winds）等現象。各種尺度的地形也會造成氣流的強度變化，例如：障礙效應（Barrier effect）、角效應（Corner effect）、山谷效應（Valley effect）和漏斗效應（Funnel effect）。

另外，當綜觀形式有利時，地形對氣流的熱力和機械力效應能夠在山脈的背風坡產生好幾種沿山坡吹下的風。在這些所謂「瀑風」（Fall winds）中，有焚風（Foehn）、欽諾克風（Chinook）、布拉風（Bora）、和下坡風（Katabatic winds）等。

（二）地形如何影響降雨的分布

　　台灣梅雨季大約發生在 5 月下旬至 6 月上旬。此時台灣海峽及南海北部附近盛行西南～西南西風。台灣是一海島，山區面積占整個台灣約三分之二。在梅雨季時台灣西南部為迎風面，常發生豪大雨。

　　最大降雨區都在中央山脈迎風面，中央山脈為影響梅雨分布的主要因子，連續性降雨常夾帶雷陣雨及豪雨，導致水災。許多旺盛對流系統一個接一個沿著鋒面向東移入台灣中南部，造成中南部地區出現超大豪雨。

　　五月中旬至六月中旬間，存在相當顯著的相對最大值；愈往南台灣，降雨量高峰特徵愈明顯；山脈以西遠較以東顯著。以中央山脈為分界，山脈以西較以東為高；以南北來分，則呈現由北向南明顯增加。中部山區遠較北部山區多；位於台灣西方的澎湖和東吉島較北端的彭佳嶼和東南方的蘭嶼為多。

2012 年公務人員高等考試三級考試試題

類　科：航空駕駛

科　目：航空氣象

一、詳細說明下圖有關天氣「預報準確度-時間」的涵義。又根據美國第一代網際網路飛航天氣服務網（Flight Advisory Weather Service, FAWS）對於航空天氣預報準確性之評價，那些天氣之預測準確性仍無法滿足現今航空操作的需求？（20 分）

解析

　　（一）天氣「預報準確度-時間」的涵義

　　氣象預報（Meteorological Forecasts）或數值天氣預報，先用電腦模擬（數值天氣預報），利用物理的原理以及數學方程式的運算去推演由今天的天氣狀況未來如何變化，但是像鋒面這樣複雜的天氣特徵通常還是要靠人腦判斷，並且在預報圖上加以修正。使用數值天氣預報模式來預報未來 24－48 小時天氣情況：氣象預報人員就可以依據原理、法則來判斷各種天氣要素的未來可能移動及變化情形，而作成明日或二、三天後的天氣預報。預報 72 小時後的情形，由於天氣變化的高度非線性，以及電腦運算誤差的擴散效應，通常運算超過 72 小時以後的結果就不具有合理的可信度，也就

是說，數值天氣預報有其時間上的限制。所以其可預報度就隨時間而變差，時間拉長，3-4 天以後，甚至比統計預報法（Climatological Forecasts）還差，就沒有可預報度可言。

統計預報法，又稱相關法，是用歷史資料，對歷史上不同季節出現的各種天氣系統的發生、發展和移動，進行統計，得出它們的平均移速，尋找預報指標（如氣旋生成、颱風轉向的指標等），進行預報。對歷史上未出現過的或移動很快及很慢的例子，則此法不能套用。

下列天氣之預測準確性仍無法滿足現今航空操作的需求；

1. 凍雨之開始時刻。
2. 強烈或最強烈亂流之出現與發生位置。
3. 嚴重積冰之出現與發生位置。
4. 龍捲風之出現與發生位置。
5. 雲高為 100 呎或低至零者。
6. 在雷雨未形成前，無法預測其開始時間。
7. 在十二小時前，無法預測颱風中心位置準確至 160 公里以內。
8. 凍霧之發生。

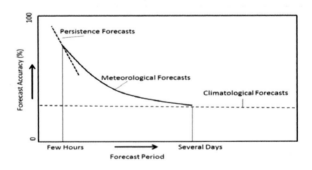

二、高空噴射氣流（Jet Stream）系統中，有四處不同強度的晴空亂流發生區，試說明之。（20 分）

解析

　　晴空亂流最強區在風切最大區和等風速線（isotachs）密集區，晴空亂流之強度可分為 A、B、C、D 四區。

　　A 區在鋒面區裡，接近對流層頂處，等風速線最密集，晴空亂流最強烈。溫帶氣旋伴隨鋒面區，其厚度大約 5000-8000 呎，坡度為 1/100-1/150。

　　B 區在副熱帶對流層頂（sub-tropical tropopause）與噴射氣流核心上方（即在平溫層），晴空亂流強度僅次於 A 區。

　　C 區在噴射氣流核心下方，近鋒面區暖氣團裡，有中度至強烈之晴空亂流。D 區在暖氣團裡，距離鋒面區及噴射氣流核心較下方與較遠，晴空亂流為輕度或無。

高空噴射氣流（Jet Stream）系統中，有四處不同強度的晴空亂流發生區

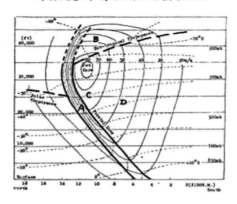

三、解釋下列各種飛行高度的涵義：真高度（true altitude），指示高度（indicated altitude），修正高度（corrected altitude），氣壓高度（pressure altitude），密度高度（density altitude）。其中，發生高密度高度（high density altitude）天氣狀態時，對於飛航操作有那些危害影響？（20分）

解析

（一）真高度

絕對高度係以平均海平面為基準面，凡一點或某一平面上，高於平均海平面之垂直距離，稱之真高度，如，海拔高度或飛行高度是為真高度。

（二）指示高度

航機在某一點或某一平面上，其高度計經撥定至當地高度撥定值時，所指示平均海平面以上之高度。

（三）修正高度

修正高度係航機在某一點或某一平面上，其指示高度再按當時航機下方空氣平均溫度與該高度標準大氣溫度之差數，加以修正之高度，故修正高度十分接近真高度。

（四）氣壓高度

航機在某一點或某一平面上，當時氣壓值相當於在標準大氣中同等氣壓時之高度。航機在一個氣壓面上飛行，係指航機飛行於一個等氣壓高度面上。

（五）密度高度。

航機在某一點或某一平面上，當時空氣密度值相當於在

標準大氣密度時之高度。氣溫直接影響密度高度，當高溫時，空氣密度小，空氣比較輕，其密度值相等於標準大氣中較高之高度，稱為高密度高度。反之，當低溫時，空氣密度大，空氣比較重，其密度值相等於標準大氣中較低之高度，稱為低密度高度。

（六）高密度高度對飛航安全之危害

密度高度係一種飛機操作效能之指標，低密度高度可增進飛機飛航操作效能。

高密度高度會降低飛機飛航操作效能，在氣壓高度、氣溫與濕度增大時，空氣密度減小，密度高度增高，機場之密度高度高出該機場之標高數千呎，如果航機載重量已達臨界負荷，對飛航安全將構成極度危險，飛行員應特別注意。

高密度高度會危害飛航操作，減少飛機動力，因空氣密度小，空氣稀薄，降低引擎內燃之能力；減少飛機衝力，因空氣變輕，使得飛機螺旋槳減低控制能力，也使噴射引擎吸入較少空氣減少舉升力，因稀薄且較輕空氣對飛機翼面浮力較變小。暖空氣，密度小。在高密度高度飛行時，航機通過機翼之單位容積空氣質量最變小，減低機翼之舉升力。

航機在高密度高度區飛行時，需要額外之引擎動力以補償，因稀薄空氣而減少之舉升力。在高密度高度狀況下，如飛機之最大載重量超過當時引擎動力之極限，須減少載重（酬載或油料）。航機在高密度高度下飛行時，會減低飛機之實際上升極限。計算飛機之最大負載時，必須先注意密度高度。

高密度高度會影響飛機起降，航機在高密度高度下起飛

時，會增加飛機在起降之滑行距離，減少飛機之爬升率（rate of climb）。飛機在起飛時，須加快地速（ground speed），由於動力及衝力之被低減，必須在較長跑道上滑行，始能順利起飛。飛機降落時，較高速度下滑，須較長跑道，始能充份停止滑行。飛機在起飛時，需加快空速，一定時間內飛行距離加長，即其爬升角度變小，加之動力轉弱，如果機場周圍地形崎嶇，則飛機起飛爬升時，造成雙重危險。高密度高度增加起飛滑行距離與降低爬升率。

四、說明氣象守視觀測員的水平能見度、飛行能見度、近場能見度以及跑道視程等四種能見度的涵義。

解析

（一）水平能見度

水平能見度係對著地面上明顯的目標物，以正常肉眼所能辨識之最大距離。通常氣象觀測所指的能見度係指在地面上任一水平方向之最低能見度。地面水平能見度主要受地面天氣現象霧、低雲、霾、煙、吹塵、吹沙、吹雪、灰塵或降雨等影響。低地面水平能見度常構成飛機降落或起飛階段的障礙。

（二）飛行能見度

飛行能見度係飛行員在飛機上所見之能見度，飛行能見度常受高空雲層與高空視程障礙等影響。當飛機在雲中（或視障中）飛行時，就如同氣象觀測員在地面霧中觀測能見度一樣，能見度可能降至 1000 公尺以下。

（三）近場能見度

　　飛機在近場降落時，斜視跑道所見之能見度，又稱斜視能見度。斜視能見度常受制於高空天氣或地面視障，或受制於兩者之混合現象。斜視能見度大於或小於地面能見度，端視高空天氣現象之強度與地面視障之深度而定。在航機近場降落時，飛行員無不重視斜視能見度。

（四）跑道視程

　　跑道能見度（runway visibility）為飛行員在跑道上無燈光或中等亮度無距焦燈光下所能見到之最大距離。目前國際民航組織規定當機場能見度低於 1500 公尺時，飛機起飛或下降能見度改以機場跑道視程（RVR）為起降標準。

　　跑道視程（runway visual range；RVR）指飛機駕駛員在跑道中心線上，能夠看見跑道面標線或跑道邊界，能辨識跑道中心線燈光之最大距離。

　　觀測員無法在跑道上觀測，依國際民航組織（ICAO）規定，在距離跑道中心線 120 公尺以內，跑道兩端降落區和跑道中段位置之跑道側邊，各裝設有跑道視程儀，利用跑道燈光、背景光及消光係數等三項計算跑道視程。跑道視程係在強烈跑道燈光下測得之跑道水平能見度數值。

五、航空氣象常見的 METAR, SPECI, TAF, SIGMET 等四種氣象電碼，試說明其涵義與發布時機。（20 分）

解析

（一）METAR

飛行定時天氣報告（aviation routine weather report；METAR），每小時整點或半點鐘觀測一次。

METAR 報告係傳送國內外各氣象台或民航有關單位應用。內容包含觀測種類、航空氣象測站地名、觀測日期和時間、風向風速、能見度、跑道視程、現在天氣現象、天空狀況（雲量和雲高）、溫度和露點、高度撥定值、補充資料以及趨勢預報等電碼組。

（二）SPECI

選擇特別天氣報告內容飛行定時天氣報告（aviation selected special weather report；SPECI），在每小時整點或半點鐘 METAR 觀測之外，遇到天氣有較大變化，超過特定門檻時，增加觀測。SPECI 報告係傳送國內外各氣象台或民航有關單位應用。內容包含觀測種類、航空氣象測站地名、觀測日期和時間、風向風速、能見度、跑道視程、現在天氣現象、天空狀況（雲量和雲高）、溫度和露點、高度撥定值、補充資料以及趨勢預報等電碼組。

（三）TAF

機場天氣預報（Terminal Aerodrome Forecast；TAF），通常每天固定時間（0400Z、1000Z、1600Z 和 2200Z）發布 24 小時預報。

TAF 係提供給台灣國內外飛行員在起飛前和飛行中飛行操作所需的氣象服務，預測一個機場之天氣變化。機場天氣預報主要供給飛航計畫來參考使用，給飛行員天氣講解

時，重要的天氣預報資料。TAF 內容至少包含風、能見度、天氣現象及雲或垂直能見度、預測溫度、積冰以及亂流。

（四）SIGMET

顯著危害天氣預報「SIGMET）預期所屬飛航情報區有劇烈天氣會影響飛機飛行時，由氣象守視單位發布，且須以簡縮明語簡潔描述航路已發生和預測將發生而足以影響扛空器飛行安全的天氣現象在時間與空間上之發展情形。

2012 年公務人員特種考試民航人員

考試試題

類　科：飛航管制

科　目：航空氣象

一、航空氣象台發佈「特別天氣觀測報告（SPECI）」
是指：（一）地面風、（二）水平能見度、（三）跑
道視程、（四）天氣現象、（五）雲等五項天氣因子
各發生哪些變化？具體一一說明之。（20 分）

解析

（一）地面風

1. 當平均地面風向與前一次觀測報告比較，有 60 度或以
上之變化，並在變化前及（或）變化後之平均風速為
10KT 或以上時。

2. 當平均地面風速與前一次觀測報告比較，有 10KT 或以
上之變化時。

3. 當最大風速（陣風）與前一次觀測報告比較，增加 10KT
或以上，且在變化前及／或變化後之平均風速為 15KT
或以上時。

（二）水平能見度

1. 當能見度變化至通過下列任一數值時：800、1500、3000、5000 公尺

2. 當編報之能見度低於該機場最低降落天氣標準，而進場位置之能見度變化至或高於最低降落天氣標準時。

（三）跑道視程

當跑道視程變化至或通過下列任一數值時：

150、350、600 或 800 公尺

（四）天氣現象

1. 下列任一種天氣現象之開始、終止或強度改變時。
凍降水、凍霧、中或大降水（包括陣性）、低吹塵、低吹沙或低吹雪、高吹塵、高吹沙或高吹雪（包括雪暴）塵暴、沙暴、雷暴（含或不含降水）、颱、漏斗雲（龍捲風或水龍捲）。

2. 小強度降水之開始或終止。

（五）雲

1. 當雲量為 BKN（5/8~7/8）或 OVC（8/8）之最低雲層，雲底高度變化至或通過下列任一數值時：

100、200、500、1000、1500 呎

2. 當 5000 呎以下雲層之雲量變化為：
自 4/8 或不足變為大於 4/8 時。或
自大於 4/8 變為 4/8 或不足時。

3. 垂直能見度

二、說明北半球夏季間熱帶輻合帶（ITCZ）大氣環流特點與飛航天氣的關連。（20分）

解析

　　間熱帶輻合帶（Inter-tropical convergence zone；ITCZ）在南北半球兩個海洋副熱高氣壓系統之中間地帶，赤道兩邊赤道帶地區，太陽輻射強烈，海面空氣受熱上升，加之東北信風與東南信風之輻合作用，使空氣被迫上升，對流盛旺，夏季移向赤道以北，冬季移向赤道以南，大概在緯度5°S與15°N之間活動。

　　熱帶海洋地區間熱帶輻合帶顯著，但在大陸地區，甚為微弱而不易辨識。

　　間熱帶輻合帶對流旺盛，攜帶大量水氣達於很大高度，其塔狀積雲，雲頂常高達45000呎以上。帶狀間熱帶輻合帶常出現一系列之積雲、雷雨及陣雨，也可能形成熱帶風暴（tropical storm），雨量十分豐富。由於對流作用支配著熱帶輻合帶，所以無論在廣闊海洋上或島嶼上，在間熱帶輻合帶影響下之天氣現象，幾乎相同。

　　航機飛越間熱帶輻合帶，如果能遵守一般規避雷雨飛行原則，應不致構成麻煩問題，航機可在雷暴間隙中尋求通道。在大陸地區間熱帶輻合帶為地形所破壞，難以辨識其存在，無法描述其天氣與間熱帶輻合帶之關係。

三、詳述雷雨引發大氣亂流的垂直氣流、陣風、初陣風等現象。（20分）

解析

（一）雷雨引發垂直氣流

大雷雨產生強烈亂流和冰雹，強烈亂流位在積雨雲中層或高層上升和下降氣流間之風切帶。

陣風鋒面上引發風切亂流，出現於低空雲層中與雲層下方。積雨雲之垂直運動，高度可達數萬呎，寬度不定，自數十呎至數千呎不等。航機穿越雷暴雨時，垂直運動迫使航機改變高度，常無法保持指定巡航高度。雷雨內部在初生階段，大部分為上升氣流；成熟後，上升及下降氣流同時發生；消散階段，以下降氣流為主。在上升和下降氣流鄰近區常有風切亂流和最大陣風。

（二）雷雨引發陣風

雷雨引發不規則且突然出現短暫的強風稱為陣風，陣風係由上升氣流和下降氣流間切變作用（shearing action）和抬升作用（lifting action）而產生。陣風會導致飛機顛簸，偏航與滾動，其強烈者可使飛機損毀。

（三）雷雨引發初陣風

雷雨前方，低空與地面風向風速發生驟變，下降氣流接近地面時，氣流向水平方向沖瀉，引發猛烈陣風，此種雷雨緊接前方之陣風稱為初陣風。強烈初陣風發生於滾軸雲及陣雨之前部，塵土飛揚，飛沙走石，顯示雷雨來臨之前奏。滾軸雲常於冷鋒雷雨及颮線雷雨發生時出現，滾軸雲表示最強烈亂流之地帶。

四、根據美國聯邦航空總署（FAA）以及美國國家海
　　洋大氣總署（NOAA）的規範，如何界定高空與
　　低空亂流？低空亂流有哪七種？高空亂流又有哪
　　四種？

解析

　　（一）界定高空與低空亂流

　　美國 FAA 及 NOAA 規定：在 1500 呎以下低空所發生
之亂流稱為低空亂流（low level turbulence），發生在 1500
呎以上高空者稱為高空亂流（high level turbulence）。

　　低空亂流或高空亂流發生原因，由風切所致，又稱為低
空風切（low level wind shear）或高空風切（high level wind
shear）。

　　（二）低空亂流有七種

　　促使低空亂流發生之天氣或地形因素，計有雷雨低空亂
流（thunderstorm low level turbulence）、鋒面低空亂流（frontal
low level turbulence）、背風坡低空滾轉亂流（lee wave rotor
turbulence）、地面障礙物影響之亂流（ground obstruction
turbulence）、低空噴射氣流之亂流（low level jet stream
turbulence）、逆溫層低空亂流（low level inversion turbulence）
和海陸風交替亂流（land and sea breezes turbulence）等七種。

　　（三）高空亂流有四種

　　促使高空亂流發生之天氣或地形因素，計有雷雨高空亂
流（thunderstorm high level turbulence）、鋒面高空亂流（frontal
high level turbulence）、山岳波高空亂流（mountain wave high

level turbulence）、高空噴射氣流之亂流（high level jet stream turbulence）等四種

五、航空氣象站以水銀氣壓計所測得的氣壓必須依序經過那些訂正步驟，才能得到測站氣壓？測站氣壓又和場面氣壓有何區別？氣壓又如何換算出高度？（20分）

解析

（一）訂正步驟

航空氣象站水銀氣壓計測得之氣壓讀數，必須經儀器差訂正（Instrument correction）、溫度訂正（Temperature Correction）及緯度（重力）訂正（Latitude Correction），最後得到測站氣壓。

（二）測站氣壓與場面氣壓之區別

測站氣壓換算至高出跑道面約3公尺處氣壓，相當於飛機停在跑道上高度計之氣壓讀數是為場面氣壓（aerodrome pressure）。

（三）氣壓換算高度

氣壓高度計（pressure altimeter）係以空盒氣壓計之氣壓讀數，對應高度的變化，並加上以呎為刻度，來表示高度的讀數。氣壓與高度關係並非常數，高度仍受地面氣壓之影響，因此氣壓高度計須隨地面氣壓之變化加以訂正，才能顯示真實高度。飛機飛行期間，沿途地面氣壓或海平面氣壓下降時，高度計讀數偏高（over-read），也即飛機實際高度比顯示高度

為低；沿途地面氣壓上升，高度計顯示偏低（under-read）。其誤差在海平面附近，氣壓每改變 1 hPa，誤差為 27 呎。

氣壓隨高度增加而遞減，在 1000hPa 附近，高度每上升約 10 公尺，氣壓降 1 hPa。在 500 hPa 附近，高度每上升約 20 公尺，氣壓降 1 hPa。在 200 hPa 附近，高度每上升約 30 公尺，氣壓降 1 hPa。飛機上之高度計係以空盒氣壓計之氣壓高度換算出高度，作為高度計之標尺。

2013 年公務人員簡任升官等考試試題

類　科：航空駕駛

科　目：航空氣象學研究

一、現階段可以用來輔助決定颱風暴風半徑的方法有那些？試舉出三種方法並詳細說明之。

解析

（一）利用島嶼測站資料以及氣壓和風（假設梯度風平衡）關係推算風之分布決定之

（二）利用飛機觀測資料（p3）推算之

（三）利用投落送資料氣壓與風關係推算之

（四）利用都卜勒雷達風場資料反演風之分布推算之

（五）利用極軌衛星散射儀（scatterometer）所測海面風場估計之

二、飛機起降對低空風切非常敏感，試舉例（最少兩個例子）說明探測大氣低空風切的方法與原理。

解析

　　美國聯邦航空總署（FAA）開發了第三代低空風切警告系統（Phase-III LLWAS），該系統在跑道兩旁離中心線 1

海浬和跑道兩端向外延伸 3 海浬範圍內建置數十個測風塔。

　　當數十個測風儀中的一個觀測到風場和所有測風儀的平均風場有每小時 15 海浬的差值時，就有可能有風切現象，系統即時發出風切警告。

　　另一個情況就是資料處理的結果，發現有輻散（divergence）的風場，也會發出風切的警報。其原理是以任三具測風儀為頂點，兩兩連線形成一個三角形的區域，將測風儀量測到的風速與風向經由電腦做內差與平滑化處理，形成該區域的向量風場。對該區域的向量風場取輻散度（divergence），其物理意義為描述該區域內部氣流對區域邊界之假想平面向外或向內流動的通量趨勢，即氣象領域對某區域風場「輻合」與「輻散」現象的定量化描述。

　　低空風切警告系統主要發出二種警報，一種為風切警報（wind shear alert；WSA），另一種為微爆氣流警報（microburst alert；MBA）。風切警報表示風速減量 15 浬/時至 29 浬/時或風速增量 15 浬/時或以上。微爆氣流表示風速減量達 30 浬/時或以上。

三、試說明鋒面過境時，有那些天氣現象對飛航安全可能造成影響？

解析

　　鋒面（front）兩邊溫度、露點、濕度、密度、風向風速、氣壓、雲系、天氣等等有顯著差異。因此，鋒面過境

時，常遇到雷雨、冰雹、強陣風、強烈亂流、積冰、降水、低雲幕、低能見度、和風向突變等惡劣天氣。

冷鋒快速移動，使鋒面上或鋒面前端暖空氣迅速向上方爆發，引發極強烈亂流（extreme turbulence）。風向突變，風向變化約在 90°-180° 之間，所需時間約在 15-30 分鐘。

飛機飛進或飛越冷鋒常遭遇惡劣天氣，除亂流及積冰外，尚有惡劣能見度。在冷鋒附近積雨雲之下方，常形成襤褸破碎雲層，雲底接近地面，遭遇到雷雨時，能見度可能劇降為零。

暖峰上常有疏稀雷雨群體隱藏於濃密之積雨雲中，飛機常飛進暖鋒後，始發現有雷雨。

暖鋒前常有廣闊雨區，暖空氣中水氣隨雨水降落於冷氣團中，增加冷空氣之水分，易於飽和而產生大霧。在夜間或空氣沿山坡上升，空氣冷卻，水分凝結成霧，在數百哩範圍內，大霧瀰漫，產生極低雲幕及惡劣能見度。

暖鋒積冰，雲層溫度在 $-9.4℃$（$15℉$）與 $0℃$（$32℉$）間，為冰晶或過冷水滴（super-cooled water droplets）之混和體，過冷水滴能導致嚴重積冰，沿鋒面上暖雲溫度略低於冰點時，雨水自暖雲下降，穿過鋒面下冷空氣，於是水滴凍結成霰（sleet），在暖雲與霰之間，雖溫度在冰點以下，其水滴仍屬液體，特稱為凍雨。飛機接觸凍雨，會有嚴重積冰。

四、名詞解釋：

（一）溫室氣體（greenhouse gases）

（二）地表能量平衡（surface energy balance）

（三）變形場（deformation field）

（四）條件性不穩定度（conditional instability）

（五）下爆氣流（downburst）

（六）山岳波（mountain wave）

解析

（一）溫室氣體

大氣溫室氣體主要有水氣（H_2O）、二氧化碳（CO_2）、臭氧（O_3）、一氧化二氮（N_2O）和氨（NH_4），水氣幾乎完全吸收長波部分（如 5μm），CO_2 吸收>15μm 波長，O_3, N_2O, CH_4，吸收長波輻射；O_2, O_3 吸收紫外線，使地球生物免於紫外線的傷害。

溫室氣體會攔截地表及大氣輻射能量，使地表及對流層溫度增高，夜晚，大氣繼續放射長波輻射，使地表不至於變得太冷。溫室氣體具有溫室效應，使地球大氣存在，不但暖化地表，且降低日夜溫差。

由於人類活動的影響，目前正使那些起保溫作用的物體—溫室氣體在大氣中的含量以驚人的速度增加。除了上述二氧化碳劇增情況之外，溫室氣體還有甲烷、一氧化二氮等。工業化以前，大氣中的甲烷濃度只有 0.7ppm 左右，最近則上升到 1.65ppm，近一百年增長了一倍多。

　　溫室氣體的增加是大氣污染的嚴重後果之一，人們所關心的不僅僅是單純的溫室效應增溫問題，而人們主要是擔心人類活動造成的大氣污染可能改變地球大氣的性質，致使形成地球氣候的各種因素之間的協調被破壞，從而引起全球氣候變化以及相應的一系列環境變化，最終又危及到人類生活本身。

（二）地表能量平衡（surface energy balance）

　　地表每年的能量收支是平衡的，雖然有相當的變化，但是就整個地球而言，每年平均溫度是均衡的，只有些微的改變，顯示地球和大氣每年的能量散失至外太空，正好等於地球和大氣每年所接收到太陽的能量。

　　地球與大氣間，也存在著能量平衡。每年地球必須將所吸收的能量回歸至大氣，否則地表平均溫度將會有所改變。地球和大氣吸收太陽能量，彼此相互吸收，所有能量交換都保存收支平衡，每年整個能量並沒有增減。年與年間地球和大氣之平均溫度都保存相當固定。能量收支平衡，並非意謂地球之平均溫度不會改變，而是年與年間仍然有些微之改變，改變通常小於 $0.1°C$，長年溫度的測量，仍會有顯著的改變。

（三）變形場

　　「鋒生過程」，地面鋒生則由大尺度變形場的合流效應造成鋒生。

　　鋒面波係兩種不同性質氣團，勢力相當，兩者之間形成滯留鋒。

277

滯留鋒兩邊空氣流動方向相反而平行，切變（shearing）作用，形成小擾動，受地區性熱力不平衡與不規則地形等影響，滯留鋒發展成彎曲狀，視為初期鋒面波。

初期鋒面波繼續發展，氣旋環流於是形成，冷空氣推向暖區，形成冷鋒；暖空氣推向冷區，形成暖鋒。此種鋒之變形（deformation），稱為鋒波（frontal waves）。

（四）條件性不穩定度

條件性不穩定大氣係當未飽和氣塊被舉升時，大氣是屬於穩定大氣；當飽和氣塊被舉升時，大氣是屬於不穩定大氣。也就是當環境直減率大於乾絕熱直減率時，大氣是屬於絕對不穩定大氣；當環境直減率小於濕絕熱直減率，大氣是屬於絕對穩定大氣；當環境直減率介於乾濕絕熱直減率之間，是屬於條件性不穩定大氣。

（五）下爆氣流

雷雨雲沖瀉氣流，將平流層乾冷空氣往下帶經低空，挾帶大水滴和冰晶向下衝，稱為下爆氣流。

（六）山岳波

穩定空氣越過山嶺，空氣沿向風坡爬升時，氣流比較平穩，待翻山越嶺後，氣流發生波動，氣流呈現片流（laminar flow）。風快速吹過，產生幾乎停滯片流波動，稱為山岳波（mountain wave）。山岳波自山區向下風流動，會延伸至100浬（160公里）以上，波峰向上升發展，高出山峰高度數倍，有時達於平流層之下部。在每一波峰之下方，有一滾軸狀旋轉環流，形成滾軸狀雲（rotor clouds）。滾軸環流

形成於山頂高度以下，甚至接近地面，且與山脈平行。在
翻滾旋轉環流中，亂流十分猛烈。在波動上升與下降氣流
中，也會構成相當強烈之亂流。

2013 年公務人員薦任升官等考試試題

類　科：航空管制

一、有許多大氣過程影響某地氣溫的日變化，試說明之。

解析

　　沙地、耕地與石礫地面，氣溫一日變化的幅度最大，為 17℃~28℃。密林深草地面氣溫日變化最小，深廣水面變化更小，幅度約為 1℃（2℉）左右。在對流層離地 1,200 公尺以上之自由大氣，幾無晝夜溫度日變化之現象。

　　地球自轉產生日夜溫差，白天，地球接受太陽短波輻射，日出太陽短波輻射大於地面長波輻射，氣溫上升，以中午太陽直射熱力最多，繼續增溫，直至中午過後，太陽開始斜射，地球接受熱力逐漸減少，至下午一、二點鐘，太陽短波輻射與地面長波輻射達到平衡時，為一日中最高溫度。午後，入日射量逐漸減少，地面長波輻射不斷增加，日落過後，太陽短波輻射幾乎停頓，地面長波輻射加強，地面溫度逐漸減少，至清晨時分，太陽升起，日射開始，地球開始接受熱量，不過接受太陽輻射甚微，此時地面輻射仍大於太陽輻射，溫度仍繼續降低。日出後，太陽輻射連續增加，直至太陽輻射與地面輻射達到平衡時，溫度始停止下降，此一時刻出現一天當中最低溫度。最低溫度出現在日出以後，有時延

後約一小時。

二、落山風在屏東恆春冬季相當盛行，試說明落山風形成的原因，以及綜觀環境條件。

解析

　　落山風形成的原因主要在冬季受大陸高壓冷氣團南下的影響，台灣吹強勁的東北季風，由於冷空氣受台灣高聳（3000 公尺以上）且南北走向中央山脈的阻擋，大部分冷空氣聚集在台灣東部中央山脈中段和北段，冷空氣就在中央山脈南段較低處（500 公尺左右）翻越，造成屏東恆春吹強勁的落山風。

三、鋒面帶附近天氣變化劇烈，導致鋒面形成的大氣過程有絕熱和非絕熱過程，試分別說明之。

解析

　　鋒面形成的大氣過程有絕熱和非絕熱過程：

　　（一）鋒面波係兩種不同性質氣團，勢力相當，兩者之間形成滯留鋒。滯留鋒兩邊空氣流動方向相反而平行，切變（shearing）作用，形成小擾動，受地區性熱力不平衡與不規則地形等影響，滯留鋒發展成彎曲狀，視為初期鋒面波。

　　（二）初期鋒面波繼續發展，氣旋環流於是形成，冷空氣推向暖區，形成冷鋒；暖空氣推向冷區，形成暖鋒（非絕

熱過程，暖區加熱、冷區冷卻則有鋒生過程）。此種鋒之變形（deformation），稱為鋒波（frontal waves）。

　　（三）鋒波繼續發展，彎曲加深，同時彎曲之頂點氣壓下降，逐漸形成低氣壓中心。在低壓中心之左方，冷鋒與冷空氣向南方或東南方之暖區推進，在冷鋒前暖空氣被抬升，或暖鋒面上暖空氣爬上冷空氣，形成雲雨，絕熱冷卻，釋放潛熱，（絕熱過程），在低壓中心之右方暖鋒向東北方之冷區推進，彎曲成一大弧形，此為鋒面波之發展期。

　　（四）非絕熱過程：暖區加熱、冷區冷卻則有鋒生過程，例如冬天鋒面由內陸移向臨暖洋流之海岸時，因暖洋流的額外可感熱通量，使暖區溫度升高，故鋒面常有加強現象。絕熱過程：暖空氣被抬升或暖空氣爬上冷空氣，絕熱冷卻，形成雲雨，釋放潛熱，使鋒面低壓區氣壓下降加深。

四、臺灣山區天氣多變化，氣流接近地形產生很多變化。試舉三個例子，說明臺灣地形如何影響局地天氣。

解析

　　台灣冬季盛行東北季風，台灣東北部山區，受地形抬升的影響，多雨。

　　台灣夏季盛行西南季風，台灣西南部山區，受地形抬升的影響，午後常有雷陣雨。

　　台灣山區，冬季受強勁東北季風，夏季受高溫的影響，山區多亂流。

2013 年公務人員特種考試民航人員

考試試題

等　別：三等考試
類　科：飛航管制

一、假設有一飛機沿著 700 百帕飛行，請問該飛機飛行
　　高度在暖氣團較高，還是冷氣團較高？
　　一般飛機飛行都利用壓力高度計沿著等壓面飛
　　行，試說明飛機沿著等壓面飛行可能遭遇的困難？
　　現在民航飛機都配置無線電（雷達）高度計，理由
　　為何？

解析

（一）飛機沿著 700 百帕飛行，該飛機飛行高度在暖氣團
　　　較高。
（二）飛機沿著等壓面飛行，從低壓區飛向高壓區，壓力高
　　　度計會越飛越高，反之，越飛越低。
（三）雷達高度計：以雷達高度計測量高度的方法更加直
　　　接：通過計算一個無線電訊號從地面反射回來的時間
　　　來判斷高度。現在雷達高度計一般用於商用或軍用
　　　飛機降落時的高度測量和警告飛行員高度過低或者

前方有上升地形。後者通常用於一些低空飛行的戰鬥機。

二、飛機積冰是個飛航上的頭疼問題，試問：飛機積冰的成因？為何當氣溫為 0～-10℃時，積冰對飛機性能影響最嚴重？飛機積冰產生的問題和積冰位置有關，試說明之。

解析

（一）飛機積冰的成因

　　飛機積冰通常在氣溫 0℃～-9.4℃ 和含有豐沛的過冷水滴（潮濕空氣）等高度，是最容易產生飛機積冰現象。

（二）為何當氣溫為 0～-10℃時，積冰對飛機性能影響最嚴重？

　　飛機積冰形成之大氣條件：

1. 大氣溫度 → 0℃～ -9.4℃ → 嚴重積冰

   飛機最嚴重積冰之氣溫在 0℃與-9.4℃之間，在-9.4℃與-25℃之間積冰也常見。氣溫在 0℃以上者，很少積冰。

2. 過冷卻水滴

   積雲、積雨雲與層積雲等最容易積冰。空中水分在冰點以下而不結冰，仍保持液體水狀態，即為過冷水滴。過冷水滴常存在於不穩定之空氣中，飛機飛過，空氣受擾動，過冷水滴立刻積冰於機體上。最危險之積冰常與凍雨並存，能在數秒鐘內，在機體上積成嚴重之冰量。

3. 昇華

空氣濕度大，含有過冷水氣與大量凝結核時，容易構成昇華作用，飛機穿越其間，空氣略受擾動，迅速凝聚積冰。雖晴空無雲，但在結冰高度層（freezing level）上方，氣溫與露點十分接近時，積冰之趨勢仍然存在，氣溫在 -40℃（-40℉）以下時，很少有積冰之可能，因在此溫度下，空中水氣多半成為冰晶。

（三）飛機積冰產生的問題和積冰位置

1. 飛機架構上積冰

空氣水汽含量 → 厚雲積冰快速

水滴大小 → 大水滴積冰快速

飛機速度 → 空速增加 → 積冰快速 → 極限 640km/hr

2. 飛機翼面大小與形式

薄形，平滑且高度流線型之機翼面上較在粗糙且凹凸不平之機翼面上積冰為容易，在薄形、平滑而高度流線型之飛機翼面上較在粗糙而凹凸不平之翼面上積冰為易。翼面上一旦凝結一層冰體，在其他條件下，積冰將增多和加速。

機翼及尾舵表面積冰在兩翼及方向舵上積冰者，大都在翼舵之前緣，但有時可擴展至半個翼面。

在機體及天線上積冰者，有時可積聚甚厚。螺旋槳上積冰，較難沉聚，因螺旋槳轉動過速，冰體隨積隨脫，但極堅固者仍能停留於螺旋槳葉上，使螺旋槳失去平衡。機翼及尾舵表面上積冰，會改變周圍氣流。積冰增加機體重量，航機速度減少之影響並不大，但當飛機喪失其上舉力與推動力時，其危害飛行操作卻十分嚴重。

3. 螺旋槳上積冰

螺旋槳葉與螺旋槳中樞之積冰，都會減失螺旋槳之效能，亦會減低飛機之空速，雖開足油門加大馬力以圖增加推動力維持飛行速度，亦未見奏效，而且也增加油料之消耗。

螺旋葉上積冰分佈不勻，重量不均，使槳葉轉動發生擺動現象，任何細微積冰，均能失去原有之平衡作用，擺動現象會加諸發動機架及螺旋槳本體之應力（stress），十分危險。

螺旋槳旋轉慢者較快者易積冰，在槳中樞積冰較在槳葉上積冰為快速，積冰形成螺旋槳中樞先於槳葉。

4. 可拋油箱與翼梢油箱（drop and tip tank）積冰

噴射機之可拋油箱與翼梢油箱常易先積冰，其他種類型飛機之可拋油箱亦為良好之積冰場所，最大影響增加飛行時之後拖力。

5. 空速管（皮氏管或動壓管）與靜壓管口積冰

空速管（皮氏管或動壓管）與靜壓管口（pitot tube and static pressure port）積冰。

空速管與靜壓管口積冰，空氣不通，導致飛行空速與高度計讀數誤差。其他與靜壓系統有關連之飛行儀表如轉彎傾斜指示器（turn-and-bank indicator）及升降速率表（rate-of-climb indicator）等變為不可靠，其機身兩側設置靜壓管口之噴射飛機，受積冰影響更為嚴重。

6. 無線電或雷達天線（radio or radar antenna）積冰

無線電或雷達天線（radio or radar antenna）積冰，積冰使飛機通訊失靈，無線電與雷達喪失效用，飛機員對外

失去通訊連絡。天線一經發現積冰，其餘架構上必早已積滿冰晶，飛航情況危險程度，自不待言。

7. 擋風玻璃（windshield）積冰

擋風玻璃（windshield）積冰，飛機在起降或高空飛行時，常於擋風玻璃上結成一片薄冰或一層霜芒，影響飛機機艙對外能見度。

三、春季鋒面接近或是夏季午後經常有雷雨系統發生，試問伴隨雷雨系統有那些可能的災害性天氣？試說明有那些氣象參數可以界定雷雨的強度？地球大氣最強的雷雨經常伴隨冰雹（hail）和龍捲（tornado），試說明利於這些超大胞雷雨發生的條件為何？現階段如何有效監測和預報雷雨天氣？

解析

（一）伴隨雷雨系統有下列可能的災害性天氣雷雨伴有閃電、雷聲、強烈陣風、猛烈亂流、大雨、偶或有冰雹等災害性天氣，對飛行操作構成嚴重威脅，例如，亂流、下衝氣流、積冰、冰雹、閃電與惡劣能見度。

（二）氣象參數可以界定雷雨的強度

大氣濕度和大氣不穩定度等氣象參數可以界定雷雨的強度，通常以兩種穩定度指數利用全指數和 K 指數等兩種穩定度指數判斷對流的生成與發展強度。

1. 全指數（Total Totals Index；TT-Index）

$$TT = T(850\ mb) + Td(850\ mb) - 2[T(500\ mb)] \quad （°C）$$

TT = 45 to 50：雷雨有可能發生

TT = 50 to 55：雷雨發生機率更高，還可能是激烈的雷雨

TT = 55 to 60：激烈的雷雨發生機率更高。

2. K 指數

K 指數是測量雷雨的潛勢，也就是測量大氣低層濕度和垂直溫度遞減率的情況。

$K=（T_{850}-T_{500}）+Td_{850}-（T-Td）_{700}$

K 值越大，大氣潛在不穩定性越大，有利於對流發展。

K-Index 值	雷雨發生機率
K<20	0%
20-23	6%
24-29	15%
30-34	30%
35-39	65%
> 39	90%

（三）利於這些超大胞雷雨發生的條件

雷雨在成熟階段，積雨雲中會有冰雹，大冰雹形成於強大而高聳之積雨雲中，冰雹愈大，雷雨愈強烈，亂流亦愈劇烈。冰雹常在強烈上升氣流、水氣充足、雲滴大和高空雲層等四種情形產生。

（四）現階段如何有效監測和預報雷雨天氣？

使用雷達和衛星紅外線強化雲圖是有效監測雷雨天氣的工具。

　　雷達是利用電磁波遇到雨滴會產生反射的特性，大氣中的含水滴的對流系統就可以被捕捉到螢光幕上，稱為回波（echo）。雨滴越大，回波強度越強，所以可以估算對流的強度及降水量的大小。如果將回波資料數據化，我們還可以轉到電腦上去做進一步分析。

　　衛星係利用不同波長的輻射在大氣中有不同穿透性的特質，對大氣「遙感探測」，更進一步推算出大氣的各種氣象因子（稱為「反演」）。

　　人造衛星的最重要優點，而且是傳統觀測遠遠不如的是它完全不受時、空的限制，因此有可能是未來大氣觀測的主要依靠。可見光及紅外線的衛星雲圖可以提供即時的雲系資料，對天氣研判也很有幫助。

　　使用探空氣象資料，推算大氣是不穩定的空氣是有效預報雷雨天氣的方法。

四、大氣穩定度決定大氣是否穩定，一般透過探空氣球獲得溫度和水氣隨高度變化之大氣狀態，可以求取大氣穩定度，試說明大氣穩定度的定義。增加大氣不穩定度可以有很多方法，試舉出兩種方法說明之。大氣成雲降雨和不穩定度關係密切，試說明何謂條件性不穩定？何謂對流不穩定度？

解析

（一）大氣穩定度的定義

　　大氣抑制空氣垂直運動之能力，稱為大氣穩定度。大氣

穩定度係根據空氣重量垂直分布之情況而定，而空氣重量又與溫度成反比。如果氣塊較四周冷空氣為輕，則容易上升，例如，氣球溫度與當時氣球外圍之氣溫相同，則氣球停留不升，表示大氣穩定。相反地，如果氣球溫度高於外界氣溫，則氣球立刻冉冉上升，因為大氣不穩定，無法制止垂直上升運動所致。

（二）增加大氣不穩定度兩種方法

增加大氣不穩定度的方法有高空冷卻和地面增溫兩種方法

1. 高空冷卻可能原因：冷平流帶來高空冷空氣或雲頂紅外線輻射到太空（輻射冷卻）。

2. 地面增溫可能原因：白天太陽照射地面增溫、暖平流帶來暖空氣聚集（暖平流）或冷氣流爬上暖地面。

（三）條件性不穩定

當環境直減率介於濕絕熱直減率和乾絕熱直減率時，大氣是屬於條件性不穩定。條件性不穩定係當大氣是乾空氣時，空氣是穩定的；當大氣是濕空氣時，空氣是不穩定的。

（四）對流不穩定度

在靜止的大氣中，一溼氣團上升至水汽凝結高度以上，變成靜力不穩定，稱為對流不穩定。反之，則稱為對流穩定。在大範圍的氣團上升運動中，由於氣團內部的含水量並不相同，因此氣團內不同的部位可能在不同的高度達到飽和（凝結點）而釋放潛熱，如果這種情形發生在氣團的底部，則釋放的潛熱將因氣團底部產生的熱浮力而增加氣團的不穩定

性。由於水氣的來源是地面，因此常出現氣團底部溼度大的
情形，一旦氣團上昇即會造成不穩定。放在地表氣流通常是
不穩定的。

2013 年公務人員高等考試三級考試試題

類　科：航空駕駛

科　目：航空氣象

一、試說明進行不同時段（例如極短期、短期和展期）天氣預報所使用的方法（資訊）有那些差異？現階段提升天氣預報準確度的瓶頸是什麼？

解析

（一）不同時段（例如極短期、短期和展期）天氣預報所使用的方法（資訊）之差異

1. 極短期、短期預報持續性預報（Persistence Forecasts）在一開始，預報準確性與實際天氣接近百分百，但在隨後幾個小時之內，預報準確性就急速下降，準確性就很差。持續性預報只能應用在極短期、短期預報。

2. 氣象預報（Meteorological Forecasts）只能從幾個小時後，才能開始預報，幾個小時的預報準確度約有80-90%，隨後預報時間延長，準確性慢慢下降，其預報的可信度可達月 3 天左右。預報的誤差會隨預報時間加長而準確性逐漸下降，所以氣象預報有其預報時間長度限制，無法做到百分之百的準確，預報技術得分大部分比 persistence 高，表示預報有技術性。目前確定性天氣的可預報度限制在幾週以內（Hoskins and Sardes hmukh

1987; Ripley 1988），其主要的因素是我們對於取得大氣
美國氣象學會（American Meteorological Society 1998）
所作的評估認為短期（12 至 72 小時）預報相當有技術
性，中期（三至七天）預報的技術則逐漸下降，從技術
很好的三天預報逐漸下降至只有些微技術的七天預
報，有些情況則能維持技術到十天左右（Ripley and
Archibold 2002）。

3. 氣候預報（Climatological Forecasts）從一開始至數天，
預報準確性都只有 30-40%。總之，持續性預報只能應
用在及時短時間預報，氣候預報只能應用在長時間氣候
變化的推估，而氣象預報可應用在短、中期天氣預報，
通常 3 天之內的預報是可信的。

（二）現階段提升天氣預報準確度的瓶頸

1. 測站密度不足：全球陸地測站密度平均約百公里才有一
個測站，海洋測站更是稀疏，數百公里或千公里才有一
個測站，所以模式初始測站，無法完全反映真實的天氣
要素，只能說是抽樣式的天氣要素，與實際天氣現象是
有誤差的，致使預報會有誤差，且隨時間增加，誤差會
放大，致使天氣預報準確度變差。以氣象觀測為例，我
們不太可能在全球各地，無論是崇山峻嶺、遼闊海洋及
高空各處，每隔一公里都裝上觀測設備。既然做不到，
目前電腦模擬方法的精確度與可靠度就不可能達到使
氣象預測極為精確的結果。

2. 非線性的偏微分方程式，難以求解，處理全球天氣資料
太龐大，目前電腦速度太慢，要精確解就快不起來，要
夠快就要使用簡化物理現象的模式，但是由於這描述流

體行為的方程式是高度非線性的偏微分方程式，前面的小誤差會造成後面極大的誤差，也就是所謂渾沌現象的『差之毫釐，失之千里』。

3. 很難處理大氣邊界層的問題，由於電腦模擬需要在某個時刻、一定範圍邊界上各處的詳細資料，如流體的速度、壓力、溫度等，才有辦法做出下一時刻各處的精確預測；然而這些邊界上的資料量會非常龐大，而且若是其中有點小差錯，模擬的結果就可能會差很多；或是更常出現的情形是大致都正確，但是對某個特定時空處的預測會相去甚遠。所以，若要精確的預測就需要龐大而精確的測量，這又幾乎是不可能的事，因為安裝測量設備的技術還不足，實行起來可能會干擾到其他事物（如動物與交通工具），代價也太高了。

另外解析

（一）不同時段（例如極短期、短期和展期）天氣預報所使用的方法（資訊）之差異

1. 天氣預報是根據氣象觀測資料，套用天氣學、動力氣象學、統計學的原理和方法，對某區域或某地點未來一定時段的天氣狀況作出定性或定量的預測

2. 極短期預報：根據雷達、衛星探測資料，對局部地區強烈風暴系統進行實況監測，預報它們在未來 1-6 小時的動向。

3. 短期預報：使用數值天氣預報模式來預報未來 24-48 小時天氣情況。

4. 氣象預報人員就可以依據原理、法則來判斷各種天氣要素的未來可能移動及變化情形，而作成明日或二、三天後的天氣預報。

5. 現在天氣預報大致都先用電腦模擬（稱為「數值天氣預報」），利用物理的原理以及數學方程式的運算去推演由今天的天氣狀況未來如何變化，但是像鋒面這樣複雜又細緻的天氣特徵通常還是要靠人腦判斷，並且在預報圖上加以修正。

6. 展期預報：使用長期天氣預報模式對未來 3-15 天的預報，主要包括受何種天氣過程影響，能否出現災害性天氣，以及主要的天氣變化趨勢。

（二）現階段提升天氣預報準確度的瓶頸是邊界條件問題和可預報度（predictability）的問題。

　　由於邊界條件的問題，使得有限區域的數值天氣預報遠比全球的數值天氣預報困難，故主要的天氣預報模式大多先做全球預報，再視需要做有限區域的數值天氣預報。

　　預報 72 小時後的情形，由於天氣變化的高度非線性，以及電腦運算誤差的擴散效應，通常運算超過 72 小時以後的結果就不具有合理的可信度，也就是說，數值天氣預報有其時間上的限制。

（三）附註：

1. 天氣預報：就是套用大氣變化的規律，根據當前及近期的天氣情勢，對未來一定時期內的天氣狀況進行預測。它是根據對衛星雲圖和天氣圖的分析，結合有關氣象資料、地形和季節特點、氣象預報員的經驗等綜合研究後

作出的。利用衛星雲圖進行分析,能提高天氣預報的準確率。

2. 天氣預報就時效的長短通常分為三種:極短期天氣預報(未來 1~6 小時)、短期天氣預報(1~3 天)和展期天氣預報(4~15 天)。

3. 數值模擬:將大氣的運動依據流體力學原理寫成數學方程式,然後借助高速的電腦作運算、求解,來賞握大氣運動及其改變的過程,稱為數值模擬。

4. 數值天氣預報:將目前大氣的實際觀測資料輸入電腦作為數值模擬的初始值,依數值模擬的方式求得未來大氣的變化情形,並作為天氣預報的依據者,稱為數值天氣預報。

二、機場遭遇到濃霧天氣經常必須關閉等待天氣好轉,試說明臺灣地區和鄰近海域發生濃霧的地區和季節分布。濃霧的雲微物理結構有何特徵,試說明之。

解析

(一)台灣地區霧的分布以西半部地區、台灣海峽、金門、馬祖等區域,東部地區濃霧發生的機率很少。台灣地區濃霧發生的季節以春季及秋末冬初之季最為頻繁,其中以平流霧及輻射霧為主。山區則以上坡霧最為常見。

(二)霧是由極細微的水滴所組成,並浮懸於近地面的大氣中。根據世界氣象組織對濃霧下的定義為:當霧的水平方向能見度低於一公里時,稱之為濃霧。

　　霧係細微水滴或冰晶浮游於接近地面空氣中所造成，大致與雲相同，不過霧為低雲，雲係高霧。其明顯區別為，霧底高度係指地面至 15.2 公尺（50 呎）間，而雲底高度則至少在地面 15.5 公尺（51 呎）以上。霧的微物理結構取決於溫度和凝結核的數密度及其物理化學性質。濃霧中大部分水滴的直徑，正溫時為 7 微米至 15 微米，負溫時為 2 微米至 6 微米。其含水量為 0.03 克／立方米至 0.5 克／立方米。溫度高時則含水量大。霧滴數密度為每立方毫米幾百個。

三、試說明全球六大海域有利熱帶氣旋（颱風）生成之環境特徵；影響颱風運動的主要大氣過程有那些？

解析

（一）有利熱帶氣旋（颱風）生成之環境特徵

1. 廣大海洋，高溫潮濕，風力微弱，有利對流。
2. 南北緯 5° 與 20° 間，科氏力有助於氣旋環流之形成。
3. 對流旺盛，氣流上升，降水豐沛，釋放潛熱，足以助長對流之進行，使地面暖空氣內流。
4. 因地轉作用，內流空氣乃成渦漩行徑吹入，角動量（angular momentum）保守作用，為造成強烈環流之原因。
5. 熱帶風暴區內氣流運行強烈，上升氣流之大量凝結釋放潛熱作用，能量供應充足、
6. 南北緯 5° 與 20° 間之海洋地帶正居於赤道輻合線上，而氣流輻合，利於渦漩之生成。

7. 適宜海面溫度，低空輻合以及氣旋型風切等現象。

8. 產生熱帶氣旋之溫床為東風波、高空槽與沿著東北信風及東南信風輻合區之間熱帶輻合帶（ITCZ）、在對流層上空有水平外流─輻散作用。

（二）影響颱風運動的主要大氣過程

　　颱風常受太平洋副熱帶高壓環流的影響而移動，低緯度颱風初期位在太平洋副熱帶高壓南緣，多自東向西移動，其後位在副熱帶高壓西南緣，逐漸偏向西北西以至西北，至 20°N 至 25°N 附近，颱風位在副熱帶高壓西北或北緣，此時颱風受到低空熱帶系統與高空盛行西風系統互為控制之影響下，致使其移向不穩定，甚至反向或回轉移動，最後盛行西風佔優勢，終於在其控制之下，漸轉北進行，最後進入西風帶而轉向東北，在中緯度地帶，漸趨消滅，或變質為溫帶氣旋。颱風全部路徑，大略如拋物線形。

四、名詞解釋：

（一）非靜力平衡大氣（non-hydrostatic atmosphere）

靜力平衡（hydrostatic equilibrium）：因重力作用所產生向下的力與垂直向上的氣壓梯度力，兩者相互平衡，稱為靜力平衡。大氣為靜力平衡且其運動場有回歸地轉（梯度風）平衡的趨勢，然而在鋒面區，質量場和運動場非處平衡狀態時，即產生次環流。經次環流之作用，使質量場和風場產生變化，達到地轉（梯度風）平衡狀態。

（二）海平面氣壓（sea level pressure）

氣象觀測員在氣象觀測站高度上以氣壓計量測之氣壓，即為該測站高度面上之大氣壓力，稱為測站氣壓（station pressure）。由於每一個氣象觀測站所在位置高度不相同，很難比較不同地方的氣壓讀數，而最方便的方法是把它們換算至同一高度，例如海平面。測站氣壓經儀器訂正、溫度訂正和緯度（重力）訂正，再訂正至其下方海平面上一點應有之數值，稱之為海平面氣壓（sealevelpressure）。

（三）地轉平衡（geostrophic balance）

水準氣壓梯度力與水準科氏力大小相等，方向相反，其合力為零，即達到平衡狀態，大氣運動不再偏轉而作慣性運動，形成了平行於等壓線吹穩定的風。地轉風是一種科氏力和氣壓梯度力巧妙平衡下產生的一種理論上的風。這個平衡狀況稱為「地轉平衡」。在氣壓梯度力推動下，空氣本應向低氣壓流動，可是由於科氏力的偏折作用，卻是沿著等壓線流動，這種情形稱為地轉風平衡。

（四）溫度直減率（temperature lapse rate）

未飽和空氣底層受熱或地形被迫上升，氣壓降低，本身發生膨脹，膨脹做功之原動力來

自本身之熱能，不從外界吸取熱量，本身溫度降低，其降溫率約為 10℃/1000 公尺，此種未飽和空氣之冷卻率稱為乾絕熱直減率。飽和空氣被迫絕熱上升，體積膨脹，溫度降低，部分水氣凝結。凝結作用放出潛熱（latent heat），空氣增溫，降低濕空氣上升冷卻之速度。

換言之，濕空氣上升冷卻率通常低於乾空氣上升冷卻率，此飽和空氣絕熱上升之冷卻率，稱為濕絕熱直減率。

（五）條件性不穩定大氣（conditional unstable atmosphere）

當環境直減率介於濕絕熱直減率和乾絕熱直減率時，大氣是屬於條件性不穩定。

未飽和氣塊被舉升是屬於穩定大氣，但飽和氣塊被舉升，則是屬於不穩定大氣

（六）絕熱過程（adiabatic process）

氣塊上升膨脹冷卻，氣塊下降壓縮增溫，氣塊與環境之間沒有作熱量的交換，這種過程稱為絕熱過程。

（七）過冷水滴（supercooled water droplet）

液體水可在冰點以下而不凍結，此種情況之水分稱為過冷水（supercooled water）。

當過冷水滴被物體所衝擊時，即引起凍結。飛機飛行於過冷水之大氣，常因飛機的衝擊而產生飛機積冰（aircraft icing）現象。

（八）鋒生過程（frontogenetic processes）

鋒生是促使新鋒面形成或原有鋒面加強的過程。主要表現為：在等壓面圖上，由於空氣水準運動、垂直運動和非絕熱變化等過程，使某地帶等溫線隨時間而加密，稱該地為鋒生；當地面圖上某地帶的氣象要素和天氣現象顯示出鋒面特徵，或者已有鋒面表現得更清楚和活躍，也稱為鋒生。這兩者在多數情況下是一致的，因為低層等壓面上溫度梯度加大，鋒附近的氣象要素和天氣現象變化也就比以前明顯。

（九）羅士比波（Rossby wave）

中緯度的羅士比波是位渦度守恆的一個例子。空氣向南移動時，當柯氏力減弱到一定程度時，為保持守恆則相度渦度增加，隨之，氣流作逆時針轉動，最終轉向北移動；而當柯氏力增加到一定程度時，基於守恆相對渦度隨之減少，並使氣流作順時針轉動，並最終轉向南移動。這個過程不斷重複，而形成一個個向西傳遞的波動。這樣的波動就稱為羅士比波。

（十）雨滴譜（raindrop size distribution）

利用雨滴落下時，通過光學影像紀錄器所產
生的影像，計算出不同大小直徑的雨滴，在
單位時間通過探測區的個數。描述降雨的雨
滴譜，即單位體積中不同直徑雨滴的顆粒數。

2014 年公務人員特種考試民航人員

考試試題

等　別：三等考試
類　科：飛航管制
科　目：航空氣象學

一、民航機的飛行高度一般涵蓋地面到平流層底層的
　　範圍，比較臺灣北部冬季和夏季，近地表和平流層
　　底層，大氣組成的主要成分和微量成分、季風特性
　　以及穩定度的差異。

解析

（一）大氣組成的主要成分和微量成分

　　　近地表和平流層底層，無論是台灣北部或冬季，近地表
至 25km 高度間，大氣組成的主要成分是氮（Nitrogen），約
佔大氣總容積的 78% ；其次是氧（Oxygen），約佔大氣總容
積的 21% ；此外，近地表大氣成份尚有微量的氬（Argon）、
二氧化碳（Carbon dioxide）、水汽（Water vpor）以及臭氧
（Ozone）等，還有一些含量不定的液態和固態等氣懸膠
（aerosols），這些懸浮微粒（Particles）有海鹽（sea salt）、
微塵（dust）、矽酸鹽（silicate）、有機物質（organic matter ）、
沙（sand）、煙（smoke）和其他雜質等。

　　懸浮在大氣中的微粒雜質多呈固體或液體的粒子狀態，它在大氣中的含量不定，且因空間和時間而改變。其濃度從小至幾乎不存在，大至足以降低能見度，甚至能見度降低至比霧所造成的低能見度還要低。例如有煙（smoke）或霾（haze）之存在，則空氣能見度降低。有煙霾之天空，遠看目標物，其輪廓模糊不清，在夜晚，則呈現一襲稀薄之藍幕。就空間來講，城市多於農村，低空多於高空；就時間來講，冬季多於夏季。

（二）近地表季風特性：

1. 冬季天氣主要受亞洲大陸變性氣團（cP）左右，盛行東北季風，偶有寒潮爆發及持續性大霧，穩定度較穩定。

2. 夏季受太平洋熱帶海洋氣團（mT）之影響，盛行西南季風，天氣時有午後雷陣雨，間有颱風，穩定度較不穩定。。

（三）平流層底層季風特性：

1. 冬季盛行強西北風或西風或西南風。

2. 夏季盛行微弱東風或東南風風。

二、傳統上高度表及高度表撥定值是飛行員了解飛機所在高度的重要參考資料，說明高度表撥定值的意義，以及如何利用測站觀測到的氣壓求得高度表撥定值，由高度表撥定值換算出來的高度還會有什麼誤差？

解析

（一）高度表撥定值的意義

　　高度計撥定值按標準大氣之假設情況，將測站氣壓訂正至海平面而得，或訂正至機場高度而得。

　　高度計經正確撥定後，其所示高度符合於在標準大氣狀況下相當氣壓之高度。

（二）如何利用測站觀測到的氣壓求得高度表撥定值？

　　高度撥定值是一個氣壓數值，作為高度計歸為零高度（高出海平面 3 公尺；10 呎）時之對應氣壓值。

　　在陸上地區，高度計撥定值係由測站氣壓根據國際民航組織之標準大氣推算而得；在海洋上，通常採用標準海面氣壓（29.92 in 或 1013.2hPa）作為高度撥定值。

　　依氣壓隨高度增加而遞減之關係式，將測站氣壓換算至高出海平面約 3 公尺處之氣壓，就是高度表撥定值。

（三）高度表撥定值換算出來的高度還會有什麼誤差？

　　氣壓和溫度隨時隨地都在不停變化，高度計仍受當時和當地海平氣壓和氣溫之影響，因此氣壓高度計須隨地面氣壓和氣溫之變化加以訂正，才能顯示真實高度。

　　飛機飛行期間，沿途地面氣壓（氣溫）或海平面氣壓（氣溫）下降時，高度計讀數偏高（over-read），也即飛機實際高度比顯示高度為低；沿途地面氣壓（氣溫）上升，高度計顯示偏低（under-read）。

三、大氣層中高空噴射氣流之位置與強度是飛行的重要情資，說明極鋒噴流與副熱帶噴流所在之高度與形成之原因。

解析

（一）噴流所在之高度

　　副熱帶噴流出現高度較高，約為 200hPa；極鋒噴流出現在 300hPa 附近。

（二）形成原因：

1. 噴射氣流常出現於冷暖氣團間之水平溫度差很大之地帶，且較靠近於對流層頂附近。溫度差出現地區，常與冷鋒或高空寒潮爆發相伴。

2. 極鋒噴流常在溫帶氣旋發展時，鋒面兩側將伴隨冷暖平流增強，使低層水平溫度梯度變大，增強斜壓度，使高層極鋒噴流強度增加。

3. 副熱帶噴流常經由赤道區暖空氣向副熱帶通量的增加或由中緯度冷空氣向副熱帶通量的增加而增強。因地球南北溫度分布不均，使等壓線呈現傾斜的狀態，形成熱力直接環流，又因間熱帶輻合區（ITCZ）內盛行深對流，潛熱釋放加熱空氣使 1000hPa 與 200hPa 間之厚度增加，使地面氣壓下降，其上高層氣壓增加，增加南北氣壓梯度之非地轉平衡部分，使哈德里胞強度增強，且高層南來氣流受北半球科氏力作用向右偏而增加緯流西風分量。冬季時，中緯度南北溫度梯度最大區域向南移且強度增強，副熱帶水平溫度梯度較大，副熱帶噴流較強。

4. 夏季中緯度南北溫度梯度最大區域北移而減熱，副熱帶溫度梯度很小，很少有形成副熱帶噴流傾向。

另外解析

（一）噴流所在之高度

1. 極鋒噴流位在極地對流層頂與副熱帶對流層頂之間斷裂處；

2. 副熱帶噴流位在副熱帶對流層頂與熱帶對流層頂之間斷裂處

3. 熱帶對流層頂較高，約 15-18 公里，南北兩極上空高度約僅熱帶之半，最低高度約為 7-8 公里或更低。副熱帶對流層頂則介於兩者間之高度約為 11-13 公里。

4. 噴射氣流位於靠近對流層頂之下方，常出現在熱帶（或副熱帶）對流層頂與極地對流層頂斷裂。

5. 極鋒噴流高度約為 8-11 公里，副熱帶噴流約為 11-15 公里。

（二）形成原因：

1. 極地對流層頂與熱帶（或副熱帶）對流層頂間之氣壓和氣溫有顯著差異，氣壓梯度大，風速強。

2. 當寒潮爆發時，更加強原有之盛行西風，形成一股強勁的噴射氣流。

3. 噴射氣流常出現於冷暖氣團間之水平溫度差很大之地帶。

4. 噴射氣流靠近於對流層頂附近。溫度差出現地區，常與冷鋒或高空寒潮爆發相伴。

5. 噴射氣流位於極地對流層頂之末端，與熱帶（或副熱帶）對流層頂之下方約 5,000 呎，其最大風速核心高度鄰近 30,000 呎。

四、大氣亂流是危害飛航安全的主要大氣現象之一，說
　明大氣亂流形成的主要原因？在什麼條件下會出
　現晴空亂流？

解析

（一）形成大氣亂流最主要原因有四種：

　　熱力使空氣發生對流垂直運動；空氣環繞或爬越高山或
障礙物而起，或鋒面上暖空氣上升；風切（wind shear）；以
及機尾亂流（wake turbulence）等四種。

　1. 熱力使空氣發生對流垂直運動

　　夏日午後靜風，地面受熱快速，氣流上升，直到與周圍
　　溫度相等之高度始行停止上升，之後向水平擴展而復行
　　下降，形成局部上下對流現象。

　　上升氣流之強度與地面受熱力成正比，砂石、荒地及耕
　　地，較植物叢生之地面容易受熱，地貌各異，空氣受熱
　　不同，在短距離間，對流強度不一樣。此種因對流而產
　　生之亂流，稱為熱亂流，或稱為對流性亂流。

　2. 空氣環繞或爬越高山或障礙物而起，或鋒面上暖空氣上升

　　i. 地面障礙物如建築物、樹林、起伏不平之地形等，均
　　　會阻礙破壞原為平滑之氣流，變成複雜混亂之渦流。
　　　這種起因於障礙物阻撓空氣正常流動之亂流現象，而
　　　非起因於任何氣象因素，是自由流動之空氣經過機械
　　　性的破壞而產生之亂流，故稱為機械性亂流
　　　（mechanical turbulence），或稱動力性亂流（dynamic
　　　turbulence）。

ii. 山岳波（Mountain wave）穩定空氣越過山嶺，空氣沿向風坡爬升時，氣流比較平穩，待翻山越嶺後，氣流發生波動，氣流呈現片流（laminar flow）。風快速吹過，產生幾乎停滯片流波動，稱為駐留波（standing wave）或山岳波（mountain wave）。

iii. 鋒面亂流（Turbulence with front）（I）鋒面兩邊有不同之風向風速，在鋒面區又有逆溫層，風切亂流會沿鋒上產生與發展。

3. 風切

風切（Wind shear）風切乃指大氣中單位距離內，風速或風向或兩者同時發生之變化。

風切可分為水平方向或垂直方向，可同時發生在水平與垂直兩個方向上。

4. 機尾亂流（Wake turbulence）

飛機靠空氣向下加速運動得到上升力，機翼上浮時，機翼下方空氣被迫向下運動，而產生翼端外空氣之旋轉運動或渦旋（vortices）亂流。當飛機降落後，翼端渦旋亂流逐漸減弱。飛機於起飛之時，翼端渦旋亂流會立刻發生。

（二）在什麼條件下會出現晴空亂流？

1. 噴流伴隨強烈輻散場，導致或伴隨低層旋生。

2. 噴流上下有強烈垂直風切

3. 晴空亂流發展最有利區域冷暖平流伴隨強烈風切在靠近噴射氣流附近發展，尤其在加深之高空槽，噴射氣流彎曲度顯著增加區，當冷暖氣溫梯度最大之冬天，晴空亂流最為顯著。晴空亂流在噴射氣流冷的一邊（極地）之高空槽中。

4. 晴空亂流在沿著高空噴流且在快速加深地面低壓之北與東北方。

5. 晴空亂流在加深低壓，高空槽脊等高線劇烈彎曲地帶以其強勁冷暖平流之風切區。

6. 山岳波也會產生晴空亂流，自山峰以上至對流層頂上方500ft 之間出現　水平範圍可自山脈背風面向下游延展100 英里或以上。

另外解析

（一）形成大氣亂流最主要原因有四種：

1. 熱力使空氣發生對流垂直運動；

2. 空氣環繞或爬越高山或障礙物而起，

3. 或鋒面上暖空氣上升；風切（wind shear）；

4. 以及機尾亂流（wake turbulence）等四種。

（二）在什麼條件下會出現晴空亂流？

1. 噴射氣流附近有顯著垂直風切與水平風切，在晴空中容易產生亂流。高空噴射氣流附近少見雲層，噴射飛機在萬里無雲之天空中飛行，常感機身顛簸跳動，此種亂流特稱為晴空亂流。

2. 晴空亂流專指高空噴射氣流附近之風切亂流而言。

3. 噴流伴隨強烈輻散場，導致或伴隨低層旋生。

4. 噴流上下有強烈垂直風切

5. 晴空亂流發展最有利區域

　i. 冷暖平流伴隨強烈風切在靠近噴射氣流附近發展，尤其在加深之高空槽，噴射氣流彎曲度顯著增加區，當冷暖氣溫梯度最大之冬天，晴空亂流最為顯著。

ii. 晴空亂流在噴射氣流冷的一邊（極地）之高空槽中。

五、積狀雲類與層狀雲類以及所伴隨之對流性降水與層狀降水都是影響飛行之主要天氣現象，比較兩種雲類及伴隨降水對水滴大小、穩定度、降水特性、地面能見度及雷達回波等五種特性上之影響差異。

解析

積狀雲和層狀雲對飛行影響之比較：

天氣狀態/雲類	積狀雲類	層狀雲類
水滴大小	大	小
空氣穩定度	不穩定	穩定
飛行情況	不平穩	平穩
降水	陣性	連續性（強度均勻）
地面能見度	大致良好，但在降雨、雪及吹沙時惡劣。	通常惡劣
飛機積冰	主要為透明冰	主要為霜狀冰
雷達回波	強	弱

2014 年公務人員高等考試三級考試試題

類　科：航空駕駛（選試直昇機飛行原理）、航空駕駛（選試飛機飛行原理）

科　目：航空氣象

一、何謂鋒面（front）？有那三大類型鋒面系統？說明飛行穿越鋒面時有那些不連續的物理特徵？

解析

（一）鋒面（front）

　　兩種性質不同之氣團相遇，兩氣團間有一不相連續之界面，稱為鋒面（Front）。鋒面通常與降水、低雲幕、降水、低能見度及雷雨等惡劣天氣並存。

（二）三大類型鋒面系統

　　南北半球都有三個鋒面系統：

1. 在極地氣團與海洋氣團間，中緯度地帶有極鋒帶（Polar frontal zone）。

2. 在北極氣團或南極氣團與極地氣團間，高緯度地帶有北極鋒帶（Arctic frontal zone）或南極鋒帶（Antarctic frontal zone）。

3. 在赤道附近間熱帶鋒面或稱赤道鋒面（intertropical front or equatorial front），又稱間熱帶輻合帶（inter-tropical convergence zone；ITCZ）。

（三）飛行穿越鋒面時有些不連續的物理特徵

1. 鋒面兩邊溫度、露點、濕度、密度、風向風速、氣壓、雲系、天氣等等有顯著差異，較冷氣團接近地面在鋒面之下，較暖氣團被抬上升在鋒面之上。氣團範圍廣，鋒面之長度可達千公里。鋒面是一傾斜面，與地面相接帶，在天氣圖上是為一條為鋒面。

2. 赤道鋒面，因赤道兩邊氣團溫度及濕度差別小，僅以氣流線之分析予以辨別。

二、對流層的氣溫垂直分布特徵有那四種類型？它們對於飛行有何影響？

飛行員為選擇最理想之飛行高度時，或為決定其容許重量時，均應注意高空溫度之分佈之情況。

（一）氣溫垂直分布特徵有四種類型：

1. 溫度垂直遞減率（temperature lapse rate）：在正常情況下，飛行高度遞增，溫度必隨之遞減。

在對流層中，因高度增加而溫度遞減之平均正常直減率約為 6.5℃/1000 公尺。

乾空氣之溫度平均直減率遞減率（dry air lapse rate）約為 10℃/1000 公尺。

濕空氣之溫度平均直減率遞減率（wet air lapse rate）約為 5.5℃/1000 公尺。

溫度直減率遞減率特大時，常能導致雷雨（thunderstorm）的發生。

2. 地面逆溫（surface inversion）：在對流層中，溫度向上遞增，而不遞減。

近地表逆溫現象：僅限於在空中相當淺薄之的一層發生。平靜無風之的夜晚，天空無雲朗氣清時刻，鄰近地面一層空氣常有逆溫現象產生。

清晨陸上沙石土壤，黑夜容易冷卻，清晨常在陸地上出現逆溫層。

3. 鋒面逆溫（frontal inversion）：冷空氣在暖空氣下移動時或暖空氣在冷空氣上移動時，常出現。

4. 高空逆溫（inversion aloft）：高空高壓下沉氣流，因空氣壓縮作用，熱量增加，該上層空空氣溫度高於其下邊底層空氣溫度，對流層頂上的逆溫也是空中逆溫的一種。

（二）對於飛行的影響

普通在逆溫層中或逆溫層以下，以及在或在溫度少有變化之層次裡，空氣十分平穩。

惟常有視程障礙，如霧、霾、煙與及低雲等天氣現象發生，降低能見度，影響飛機起降。

飛行員為選擇最理想之飛行高度時，或為決定其容許重量時，均應注意高空溫度之分佈之情況。

二、說明近地面空層的氣壓梯度力、地球柯氏力與摩擦力三者之間的平衡關係。

解析

（一）空氣循著氣壓梯度力流動，自高壓流向低壓，其氣壓梯度力方向與等壓線成直角科氏力與空氣流向垂

直，氣流逐漸向右偏（北半球），科氏力之方向亦逐漸向右偏，直至科氏力與氣壓梯度力方向相反時，方才平衡。當兩者達到平衡時，空氣流向垂直於氣壓梯度力，即平行於等壓線。

（二）水平氣壓梯度力與水平科氏力大小相等，方向相反，其合力為零，即達到平衡狀態，大氣運動不在偏轉而作慣性運動，形成了平行於等壓線吹穩定的風，稱為地轉風。

（三）最初風向與氣壓梯度力平行，但此時二力尚未不平衡。空氣在流動時，科氏力以垂直於風向而使風向逐漸右偏，最後科氏力使風向平行於等壓線，此時氣壓梯度力與科氏力剛好平衡。

（四）地面上 600-900 公尺以上之高空，地面摩擦力小，風向通常與等壓線（地面天氣圖）或等高線（等壓面天氣圖）平行。600-900 公尺高度以下，地面摩擦力增大，風向與等壓線或等高線不克平行，而構成夾角。

（五）地轉風通常出現於高空，在廣大洋面上摩擦力很小，氣流走向符合地轉風。

（六）實際風向與摩擦力，地面摩擦力愈大，實際風向偏向低氣壓之角度愈大。摩擦力愈小，實際風向愈趨向於與等壓線平行。實際風向與等壓線所成之夾角，在海洋面上較小約 1°左右。在陸地上，約為 30°-45°。自地面向上，其夾角逐漸減小，超過 900 公尺以上之高空，夾角趨近於零，風向與等壓線平行。

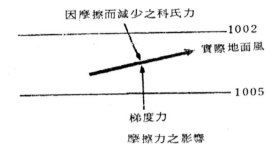

三、概述航機在十種雲屬飛行時的雲底高度、雲量、垂直厚度、水平能見度、積冰和亂流等天氣特徵。

解析

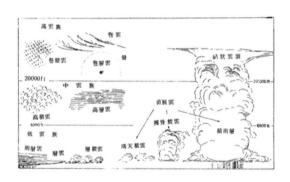

（一）雲底高度

1. 高雲族

中緯度地區高雲族之雲底高度約自 16,500 呎至 45,000 呎。高雲族可分為卷雲（cirrus）、卷積雲（cirrocumulus）及卷層雲（cirrostratus）等三種雲屬，大概都為固體冰晶所組成。

i. 卷雲（Ci）：卷雲的雲絮，呈白色纖薄羽毛狀，或呈白色小片或窄帶，具有纖維（如羽毛、馬尾、亂髮）形態，或絲質光澤，或兩者兼有

ii. 卷積雲（Cc）：呈白色淺薄，魚鱗片狀，排列整齊或成，無陰影，又形如穀粒、連漪等合併或分離，排列有序之小雲堆所組成，常與卷雲伴見。

iii. 卷層雲（Cs）：呈透明，白色纖維狀薄雲，全部或部分掩蓋天空，日月四周常有內紅外藍之光環，是為日暈或月暈（halo）現象。

2. 中雲族（middle clouds）

中雲族在中緯度地區雲底高度約自 6,500 呎至 23,000 呎，平均雲底高度約在 20,000 呎。計有高積雲（altocumulus）、高層雲（altostratus）及雨層雲（nimbostratus）三種雲屬。多為液體水滴組成，也含相當份量之固體冰晶，但液體水滴大部分為過冷水（supercooled water）。

i. 高積雲（Ac）：高積雲呈白色或灰色，或白灰並存，旱田龜裂狀，常有陰影；又成薄片、圓塊、滾軸狀雲體聚列而成，略似卷積雲，但個體較大，排列有序，日月四周有內藍外紅之彩色光環，是為日華或月華（corona）。

ii. 高層雲（As）：高層雲呈淡灰色或微藍而具紋縷或均勻之雲片或雲層，全部或部分掩蓋天空，薄者可透視日影，曚曨日影如阻隔毛玻璃，厚者不現日影，會有微雨或雪下降。

iii. 雨層雲（Ns）：雨層雲呈灰暗雲幕，雲底襤褸破碎，常瀰漫天空，陽光不見，低而破碎之雲，常出現於雲

層之下，每有雨雪連綿下降

3. 低雲族（low clouds）

低雲族在中緯度地區雲底高度約自鄰接地面至 6,500 呎，平均雲頂高度約 6,500 呎，計有層雲（stratus）及層積雲（stratocumulus）等二種雲屬，絕大部分為水滴組成，但水滴可能有冰點以下之過冷水，也可能含有冰雪。

i. 層積雲（Sc）：呈灰白，成塊狀或片狀，陰暗部分圓塊滾軸，雲塊瀰漫全天或分離，大部分排列有序。

ii. 層雲（St）：灰色，瀰漫天空，似霧而不著地，偶下降有毛毛雨、冰針或雪，略見太陽輪廓，但無日月暈，有時呈殘破碎片狀。

4. 直展雲族（clouds with extensive vertical development）

垂直發展，包括積雲（cumulus）與積雨雲（cumulonimbus）二種雲屬，平均雲底高度約自 1,000 至 10,000 呎，雲頂高度可達 60,000 呎或以上。雲中大多數為水滴組成，頂部常有冰晶出現。直展雲垂直發展，顯示不穩定之情況。高聳霄漢之積雲或積雨雲，攜帶大量過冷水到高空，雲的上層可能是過冷水與固體冰晶混合組成的。

i. 積雲（Cu）：灰白孤立雲塊，濃厚直展如山丘，輪廓明顯，圓形成塔狀，雲頂似花椰菜，陽光照射部分十分明亮，雲底較暗，近乎扁平。

ii. 積雨雲（Cb）：濃厚龐大高聳，有如大山或巨塔，頂部有卷雲，稱為偽卷雲（false cirrus），或具條紋，平展如鐵砧（anvil），雲底極陰暗，時有碎雲與母雲或連或不連，降水時，呈雨旛狀（virga）。

（二）亂流

1. 對流不穩定，產生積狀雲。在積狀雲中或鄰近都有相當程度之亂流。

2. 層狀雲，無垂直對流，雲中無亂流。

3. 穩定空氣被迫沿山坡上升，以層狀雲居多，無亂流現象。

4. 不穩定空氣被迫沿山坡上升，山坡有助長垂直發展，產生旺盛的積狀雲

（三）積狀雲和層狀雲對飛行影響之比較

天氣狀態/雲類	積狀雲類	層狀雲類
水滴大小	大	小
空氣穩定度	不穩定	穩定
飛行情況	不平穩	平穩
降水	陣性	連續性（強度均勻）
地面能見度	大致良好，但在降雨、雪及吹沙時惡劣。	通常惡劣
飛機積冰	主要為透明冰	主要為霜狀冰
雷達回波	強	弱

四、說明容易造成飛機積冰的各種天氣類型。

解析

　　容易造成飛機積冰的各種天氣類型有氣團天氣之積冰、鋒面天氣之積冰（冷鋒與颮線、暖鋒與滯留鋒、囚錮鋒）以及雷雨天氣之積冰（初生階段、成熟階段、消散階段）。

（一）氣團天氣之積冰

1. 穩定氣團之積冰

   穩定氣團常形成層狀雲，在適當條件下，積冰範圍廣闊
   而持續，其形態大都為霧淞類積冰。

2. 不穩定氣團之積冰

   不穩定氣團產生積狀雲，在適當條件下，水平積冰範圍
   狹窄，而嚴重積冰常發生於積狀雲之上層，其形態大都
   為明冰，積狀雲含過冷水滴特多，故積冰量亦豐，但持
   續時間較為短暫

（二）鋒面天氣之積冰

1. 冷鋒與颮線之積冰

   冷鋒與颮線上之積冰，範圍狹窄成帶狀，雲多積狀雲，
   積冰區大部為明冰，如其上層之暖空氣為不穩定，積冰
   嚴重。下層明冰之氣溫範圍在 0℃與-9.4℃間，中層明
   冰與霧淞混雜區域之氣溫範圍在-9.4℃與-15℃間，上層
   純霧淞區域之氣溫範圍在-9.4℃與-15℃間，在溫度更低
   區-25℃與-40℃間分別產生明冰與霧淞。

2. 暖鋒與滯留鋒上之積冰

   暖鋒與滯留鋒上之積冰，範圍廣闊成帶狀，雲多層狀，
   積冰區形態大部為霧淞，如其上層之暖空為不穩定，出
   現積雲時，亦產生嚴重之積冰。明冰霧淞混雜區域之氣
   溫範圍在 0℃與-9.4℃間，其上方霧淞之氣溫範圍在-9.4
   ℃與-20℃之間，其氣溫之更低區在-20℃以下，亦可能
   產生霧淞。

3. 囚錮鋒之積冰

   囚錮鋒之積冰，其範圍均廣闊成帶，層狀雲與積狀雲並

325

存，積冰區形態為明冰與霧淞錯綜混合，如暖氣團為不穩定，則積冰情況將異常嚴重。明冰之氣溫在 0℃與-9.4℃與-15℃間，霧淞之氣溫在-15℃與-20℃之間。

（三）雷雨天氣之積冰

雷雨之形成分為初生、成熟及消散等三階段

1. 初生階段

積雲逐漸發展為雷雨，冰點以上之雲滴全為液態水，冰點以下之雲滴，水分豐富，會形成嚴重積冰，當雲頂高度突出-20℃等溫線之範圍，冰晶於焉形成，但飛機積冰反而減少。

2. 成熟階段

積雲後方上升氣流區溫度高於-9.4℃之雲滴幾全為液態水，溫度冷於-20℃，大部為冰晶，積雲前方下降氣流區域 0℃與-9.4℃間為冰晶與水滴雜處，溫度冷於-9.4℃全為冰晶。

3. 消散階段

高空大部為冰晶，僅其下部淺薄之一層，氣溫接近冰點，冰晶與水滴雜處，為積冰地帶。

2015 年公務人員特種考試民航人員

考試試題

等　別：三等考試
類　科：飛航管制
科　目：航空氣象學

一、大氣邊界層是人類主要的生活空間，也是飛機起飛
　　降落最主要的範圍，若大尺度之天氣系統不變，等
　　壓線之分布型式固定，則大氣邊界層中的風向、風
　　速隨高度會有什麼變化？並說明其原因。

解析

　　中緯度地區對流層，低層夏季吹西南風或東南風，冬季
吹東北風，但隨高度上升，漸漸轉為西風，且西風會隨高度
上升而增強。

　　熱帶地區大氣的平均溫度較高，大氣的氣層厚度比較
厚，相對於中高緯度地區大氣平均溫度較低，大氣層厚度較
薄，所以大氣會呈現往北傾斜降低的情況。經由科氏力跟氣
壓梯度力的平衡，風的方向在低壓的南側是吹西風，所以中
緯度的高空一般來說是很明顯的西風，低緯度由於南北溫度
梯度不大，厚度差異也不大，所以西風不明顯，甚至還會有
偏東風的出現。

二、冷鋒是影響飛航安全的重要天氣現象之一，飛機在冷鋒雲下飛行穿越冷鋒時，飛行高度應如何調整以因應上升、下降氣流之影響？又如何避免在冷鋒中飛行時之積冰問題？

解析

（一）當飛機在冷鋒雲下飛行，若自暖空氣一方穿越冷鋒，應略底於正常飛行高度。反之，自冷空氣一下飛向冷鋒，應略高於正常飛行高度。冷鋒上之雷雨通常伴隨升降氣流，飛機在雲下自暖空氣飛進強烈上升氣流中，迫使飛機自動上升，經過降水區時，可發現下降氣流，繼續前飛，再遭遇到輕微上升氣流，最後穿過冷鋒，離開雷雨地帶，立刻飛進強烈下降氣流。

（二）飛機穿越冷鋒，避免積冰之途徑為飛行於氣溫高過 0 ℃或低過-9.4℃之間，機翼和機身就不見會積冰。

1. 飛機穿越冷鋒常遭遇積冰，冬季積冰更甚，但侷限於鋒面附近之狹窄帶上。當飛機飛入冷鋒雲層時，氣溫低於 0℃（32℉），在機翼與螺旋槳上，常發生積冰現象，溫度降至-9.4℃以下，因空中水分凍結成固體狀態，積冰現象轉為輕微。飛機穿越冷鋒面，氣溫在 0℃~-9.4℃間，機翼及機身部會有積冰現象。

2. 避開積冰航線，僅能飛進積冰最輕微之高度。避免在冰點以下之雲層或雨區飛行，如不能改變航線，可爬升至氣溫低於-18℃之高度飛行。但爬升速度要比平時較快，以避免失速。

3. 當積冰慢慢累積時，要使用除冰或防冰裝置。改變飛行路線或飛行高度，快離積冰區。汽化器應預先加熱，以防積冰。航機有濃厚積冰時，不可作突然轉彎，或陡直爬升。在積冰之雨雪及雲層中飛行，啟動空速管系統之加熱器（Pitot heater）。飛到高於 0°C 之氣層或低於-10°C 之氣層，改變高度可能飛出雲區。

4. 在鋒面性凍雨中，可選擇氣溫在冰點以上層次中飛行，因為在凍雨中至少有一層氣溫在冰點以上。航機如正在爬升，則須快速爬升，因為耽擱過久會使航機上積累更多冰層。如正在下降，則必須要知道下層氣溫與地形情況。

5. 在積冰之情況下，隨時將飛行操縱系統輕微開動，以阻止積冰。並隨時注意空速，因積冰加多，會增加飛機之失速。

6. 當航機表面覆罩嚴重積冰時，航機已失去部分空氣動力效應，故應避免遽然停止操作，以免發生危險。噴射飛機在積雲頂時，常易積冰，應加防範。

三、很多機場都位在大陸塊的東西沿岸地區，因此東西兩岸的天氣狀況影響飛安至鉅。比較北美洲大陸 40°N 附近，東西兩岸，冬夏季主要受什麼天氣系統影響，風、溫度以及降水特性有什麼差異？

解析

　　北半球因陸面廣大，高壓特別發展，整個歐亞大陸及北美洲為高壓所壟罩，前者稱為西伯利亞高壓，後者稱為北美

大陸高壓。介乎二高壓之間者為二低壓，一在北冰洋附近，稱為冰島低壓，一在北太平洋北端，稱為阿留申低壓。此時北半球氣壓有二高二低，一切風向全受其支配，在緯度三十度以上則受高低壓之控制，北美洲大陸 40°N 附近，大陸西岸為西風或西南風，吹向陸地；大陸東岸為西北風，吹向海洋。故冬季西岸迎風，雨量豐沛，氣候溫潤；東岸背風，雨量稀少，氣候乾燥，東西兩岸氣候之差異如此。

　　總之，北美洲大陸 40°N 附近，西岸（如舊金山）因終年西南風吹拂與暖流之影響，故冬溫夏涼，屬溫帶海洋性氣候，四季有雨，以冬日為多，年雨量蓋在 1000mm 以上，愈北愈多，可達 2500mm 以上；溫度一月均溫 4.7°C，七月18°C。東岸（如紐約市）因受拉布拉多寒流之影響，冬季頗為寒冷，並時降大雪，一月均溫概在 0°C 以下，七月則多在22°C 左右，但有時亦極為炎熱。年平均雨量在 1000-1500mm之間，以夏季降雨最多。

四、大氣亂流（Atmospheric Turbulence）是影響飛航安全的小尺度天氣現象。大氣亂流可分為熱力亂流與風切亂流兩種，試以理查遜數（Richardson Number）說明晴空亂流之特徵，以及發生之條件。

解析

　　Richardson Number 為無因次參數，可以用來了解動態大氣的穩定程度。Richardson Number 是空氣浮力項除以垂直風切項的平方，公式寫成：

$$R = \dfrac{\dfrac{g}{\theta_0}\dfrac{\partial \theta}{\partial z}}{\left(\dfrac{\partial U}{\partial z}\right)^2}$$

一般在 Ri 在大於 0.25 的時候為較穩定的狀態，小於 0.25 時大氣呈現動態不穩定，易產生亂流；當風切非常大的時後，Ri 趨近於零，很不穩定。

晴空亂流發展在高空噴流附近，具有相當大的風切，所以 Ri 數字會很小，晴空亂流發生之環境條件，即是 Richardson Number 很小的狀態。

理查遜數（Richardson number；Ri）

$$R = \dfrac{\dfrac{g}{\theta_0}\dfrac{\partial \theta}{\partial z}}{\left(\dfrac{\partial U}{\partial z}\right)^2}$$

U is horizontal velocity scale；

G is gravitational acceleration

θ_0 is reference potential temperature；

θ is potential temperature

Richardson number 可以用來判別垂直穩定度

331

1. Ri > 0，表示「穩定」

若大氣為 $\partial\theta/\partial z > 0$（大氣穩定），當空氣塊絕熱上升，由於空氣塊的位溫小於周圍環境的位溫，因此產生負向的浮力（向下），浮力與重力的作用使得空氣塊回到原來的位置，此時大氣為穩定的狀態，會抑制垂直混合。

2. Ri < 0，表示「不穩定」

若大氣為 $\partial\theta/\partial z < 0$（大氣不穩定），當空氣塊絕熱上升，由於空氣塊的位溫大於周圍環境的位溫，因此產生正向的浮力（向上），浮力的作用使空氣塊向上抬升，此時大氣為不穩定狀態，能量和水氣的傳送會相對的較有效率。

五、國際民航常採用不同之飛行高度名稱來標示飛航之高度，說明氣壓高度、指示高度、修正高度以及真高度之意義。

解析

（一）氣壓高度（pressure altitude）

氣壓高度為一地當時氣壓值相當於在標準大氣中同等氣壓時之高度，在一個氣壓面上，係指一個等氣壓高度，航機飛行於一個等氣壓高度面上，就是飛行於一個等壓面上。

（二）指示高度（indicated altitude）

指示高度係高度計經撥定至當地高度撥定值時所指示之平均海平面上之高度。

（三）修正高度（corrected altitude）

　　修正高度係為指示高度按航機下方當時空氣平均溫度與該高度標準大氣溫度之差數，加以修正之高度，故修正高度十分接近真高度

（四）真高度（true altitude）

　　絕對高度，係以平均海平面為基準面，凡一點或一個平面高於平均海平面之垂直距離，稱之真高度，如，海拔高度或飛行高度是為真度度。

2015 年公務人員薦任升官等考試試題

等　級：薦任
類　科：航空管制
科　目：航空氣象學

一、試說明颱風的內部結構以及影響颱風強度變化的
　　主要大氣過程。

解析

　　颱風四周空氣向內部旋轉吹入，至中心附近，氣流旋轉
而上升，有濃厚之雨層雲及積雨雲，傾盆大雨，降雨雲幕常
低至 60 公尺（200 呎），愈近中心，雨勢亦愈猛。氣流繞中
心旋轉，在北半球為逆時鐘方向，在南半球為順時鐘方向，
風力強勁，愈近中心，風力愈猛。

（一）颱風內部結構，由內向外分為：

1. 颱風眼（eye）：是氣壓最低之處，上升氣流微弱，反而
　有下降氣流。從衛星雲圖上看像一個眼睛，颱風眼直徑
　平均約 45 公里。颱風眼範圍內，風力微弱，天氣晴朗，
　偶有稀疏之碎積雲或碎層雲，與眼外天氣大不相同，風
　雨會暫時停止，但颱風眼周圍卻是風雨最大的地方，當
　颱風眼通過後，狂風暴雨將再度來臨。

2. 雲牆（eye wall）： 雲牆是由一堆高聳雲環繞在颱風中
　心的雲帶，雲頂高度可高出海平面 15 公里以上。此區

域內為強風豪雨，是風速吹襲最猛烈區域。

3. 螺旋雲雨帶（spiral rain band）：由一排排的層積雲，由外旋進颱風中心，風速雖不如雲牆區猛烈，風速仍然很大。颱風範圍外，因颱風系統的下降氣流而呈現大晴天的景象。

伴隨颱風移近，雲的變化順序，大致與靠近暖鋒之順序相似，首見卷雲出現，繼之卷雲增厚為卷層雲，再由卷層雲形成高層雲與高積雲，進而出現大塊積雲與積雨雲，向高空聳峙，衝出雲層，最後積雲、雨層雲及積雨雲增多，與其他雲體合併，圍繞暴風眼四周構成雲牆（wall cloud）。颱風接近時之天氣變化，當一地逐漸接近颱風中心，風力開始增強，有間歇性之陣雨，更近中心雲層加厚，出現濃密之雨層雲與積雨雲，風雨亦逐漸加強，愈近中心風力愈形猛烈，進入眼中，雨息風停，天空豁然開朗，眼區經過一地約需一小時，眼過後狂風暴雨又行大作，惟風向已與未進入眼之前相反，此後距中心漸遠，風雨亦減弱。

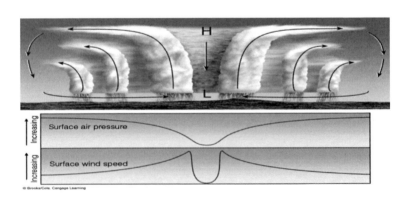

（二）影響颱風強度變化的主要大氣過程：

廣大洋面，海水蒸發，水氣上升，凝結成雲致雨，潛熱釋放，氣柱溫度升高，加速空氣上升運動。氣溫上升，導致地面氣壓降低，增加低空輻合作用，因而吸引更多水氣進入熱帶氣旋系統中。該等連鎖反應繼續進行時，空氣柱煙囪（chimney）現象，形成巨大渦旋，是為熱帶低壓發展成颱風的機制。新生之熱帶風暴，範圍小，威力弱，但由於氣流旋轉上升，發生絕熱冷卻，致水氣凝結，釋出大量潛熱，能量增加，氣旋逐漸生長發達，成熟後，範圍擴大，直徑多在320-800 公里間，伴隨雲系範圍較風暴範圍更廣，直徑可達1600 公里左右。

二、海風環流影響局部地區天氣甚為顯著，常常和午後雷暴的發生密切關聯，影響飛航安全。試說明海風環流形成的原因以及海風環流的結構特徵為何？

解析

沿海地區，因大陽輻射日夜變化和水陸比熱差異，水的比熱大於陸地，使陸地溫度之增減較水面溫度者為快速，輻度亦大。

白天陸地暖於水面，夜間陸地冷於水面，其水陸溫度之差別，尤其在夏季地面氣流穩定時更顯著。在小範圍地區，因水陸溫差而產生水陸間氣壓差別。陸地高溫，氣壓低；水面低溫，氣壓高。水面高壓區冷重空氣吹向陸地低氣壓區，陸地低壓區暖輕空氣上升。風從水面吹向陸地，稱為海風。

海風，白天日照，陸地比熱小，增溫快，暖空氣上升。海面
比熱大，增溫慢，冷空氣較重，風從海面吹向陸地。

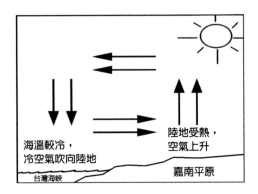

三、濃霧和低雲幕對於飛航管制飛航安全影響甚鉅，試
說明濃霧發生的成因，並說明臺灣地區發生濃霧的
季節以及地區。

解析

（一）霧發生之原因

1. 因空氣冷卻降溫，氣溫接近露點溫度，空氣中水氣達到
   飽合而形成霧。冷卻作用而形成之霧稱為冷卻霧
   （cooling fog）。通常在地面逆溫層下之穩定空氣中產
   生。如輻射霧（radiation fog）、平流霧（advection fog）、
   升坡霧（upslope fog）和冰霧（ice fog）等。

2. 因近地層水汽增加而使露點溫度增加而接近氣溫，空氣
   中水汽達到飽和而成為霧，如鋒面霧（frontal fog）和
   蒸汽霧（steam fog）等。

（二）臺灣地區發生濃霧的季節以及地區

　　台灣地區霧的分布以西半部地區、台灣海峽、金門、馬祖等區域，東部地區濃霧發生的機率很少。台灣地區濃霧發生的季節以春季及秋末冬初之季最為頻繁，其中以平流霧及輻射霧為主。山區則以上坡霧最為常見。

四、近年來有許多機場已經將傳統都卜勒天氣雷達（Doppler radar）升級為雙偏極化雷達（Polarimetric radar），對於飛航安全管制作業有非常大的幫助。試說明雙偏極化雷達和都卜勒雷達在探測原理上的差異以及對劇烈天氣監測與預報的助益。

解析

（一）雙偏極化雷達可得到更多的參數：

1. ZHH（Reflectivity）：水平反射指數，其與水滴粒子大小的六次方成正比，水平發射水平接收，通常使用分貝作為單位，（dBZ=log10ZHH）。雙偏極化雷達可得到更多的參數，

2. ZDR（Differential Reflectivity）：差異反射率，以水平（ZHH）和垂直（ZVV）方式所得回波強度的比值，單位為 dB。

3. ΦDP（Differential Phase）：差異相位差，利用在同一距離內的解析體積之內由於對粒子的垂直及水平相位增量（phase increments, kv 以及 kh），產生之相位差稱為 ΦDP（two-way propagation differential phase）。單位為度 deg。

4. KDP（Specific Differential Phase）：比差異相位差，ΦDP
   對距離的微分，單位為 deg /km。

5. ρHV（H-V correlation）：相關係數，同一解析體積裡的
   ZHH 和 ZVV 是經由雷達連續發射數個脈衝而獲得，
   各脈衝所測到的 ZHH 和 ZVV 的相關係數。

（二）雙偏極化雷達和都卜勒雷達在探測原理上的差異

由於雙偏極化雷達能提供更多的觀測資訊，而更適合運
用在定量降水估計上。利用大雨滴扁平形狀之特性估計雨量
雙偏極化參數在定量降水估計實際運用上，參數 ZDR（差異
反射率）對降水粒子的扁平度很敏感，由於水相粒子尺寸形
狀之多變，從小水滴到大水滴時，隨著雨滴成長演化，會由
球形變成較扁的形狀，使得相同回波強度有不同的降雨率。

而藉由水平和垂直回波強度的差異，在相同回波強度
時，區別大、小雨滴的數量，估計降水系統中的雨滴粒徑分
佈，與傳統僅用回波強度估計降雨方法相比最大的優點為：
估計雨滴粒徑分佈的高時間空間變異性後，將可由雨滴粒徑
分佈直接計算降雨率，提高定量降水估計的準確度。

然而，由於回波經過強降水系統後的回波衰減（不同波
段之雷達有不同程度之衰減），卻會造成降雨率的低估，然
而雙偏極化雷達可藉由參數：ΦDP（差異相位差），利用其
不受系統功率校驗誤差及能量衰減影響的優點，修正被衰減
的回波強度，提高用修正後回波強度估計降雨率的準確度。

另外，在易受地形之遮蔽影響的區域，則可利用雙偏極
化參數：KDP（比差異相位差），其直接由相位計算，與雷
達本身功率校正無關、不受能量衰減影響的，且不受地形遮

蔽影響的特性，來估計降雨率。

而雙偏極化參數：ρHV（相關係數），此值在降水系統中約 0.95 以上，但在受地形影響時，其值會降低至低於 0.5 以下，此參數可利用來去除非氣象因子所造成的假回波，以減低降雨估計的誤差，均利用相關係數（ρHV）門檻值 0.95 濾除海面雜波。

（三）對劇烈天氣監測與預報的助益

國內第一座雙偏極化雷達 2004 年 11 月，中央大學大氣物理研究所，與國科會、氣象局、水利署及中科院合作及支援下，將民航局中正機場捐贈的都卜勒氣象雷達，成功地昇級為雙偏極化氣象雷達，為國內目前第一，也是唯一的一座雙偏極化氣象雷達。

在 2004 年 12 月 4 日南瑪都颱風個案中，以中央大學雙偏極化氣象雷達，時間解析度四分鐘的資料，分別以傳統 Z-R 關係式（不修正回波衰減）、雙偏極化參數降雨估計法（修正回波衰減），估計每四分鐘的瞬時降雨率，並與中央氣象局石碇自動雨量站的觀測比較，顯示搭配雙偏極化氣象雷達 3 個參數並修正回波衰減後所估計的降雨率，明顯的比傳統的單一 Z-R 關係式在不修正回波衰減的情況，大幅提升降雨率估計的準確度。且大範圍的累積雨量估計的表現方面，使用雙偏極化氣象雷達參數所估計的累積雨量，也有相當高的準確度。

整體而言，相較於都卜勒氣象雷達僅能使用單一 Z-R 關係式回波估計降水，從中央大學雙偏極化氣象雷達在 2004 年南瑪都颱風個案的結果顯示，雙偏極化雷達資料在定量降

水估計方面，利用反演雨滴粒徑分佈、修正回波衰減及去除非氣象回波後，更能夠提供高準確度的定量降雨估計產品。

此外，由於不同水象粒子（液相、冰相），在各個雙偏極化雷達參數均有不同的特性值，因此相互比對雙偏極化雷達的多參數資料，即可進行「水象粒子分類」，針對產生重大災害的劇烈天氣系統，如冰雹、過冷水等，提供的即時觀測，其中過冷水的觀測，即可用來減少積冰對飛安的危害，增加飛航安全。

未來，在定量降水估計及災變天氣系統預警的應用上，雙偏極化氣象雷達將取代都卜勒氣象雷達，成為下一代的氣象雷達。

2015 年公務人員高等考試三級考試試題

類　科：航空駕駛（選試直昇機飛行原理）

一、氣象雷達是偵測降水天氣系統的重要工具，說明氣象雷達如何偵測雷雨和颮線系統中之對流降水與層狀降水。

解析

　　氣象雷達可以觀測降雨水滴及冰晶之大小和數量，雷達回波強度與雨滴大小、雨滴數量有關，雨滴愈大及數量愈多，回波愈強，雨滴大小與降雨率（rainfall rate）成正比，最大降雨率係發生於雷雨中，強烈雷達回波可顯示雷雨。冰雹塊（hailstones）外表包有一層水分，像是一個大雨滴，雷達回波上可顯示強烈回波，強烈雷達回波是劇烈危害天氣之指標。

　　雷達回波強度從低到高分別用從 0 到 70dBz 表示，顏色從冷色到暖色，有雷達回波的地方一般會對應有降雨出現。雨量隨著雷達回波強度的不同而不同，通常 30-45dBz 的雷達強度（顏色以亮黃色為主）代表局部性對流，降雨強度會達到 10 毫米/小時左右；雷達回波強度達到 50-60dBz（顏色以暖紅色為主），代表局部地區降雨，強度會達到 20 毫米/小時左右。雷達回波密集區對應降雨非常集中，局部地區還會伴有短時雷雨大風等強對流天氣。

通常 30dB 以下的雷達強度，代表層狀降水區，雷達回波比較弱。

「dBZ」是表示雷達回波強度的一個物理量。「dBZ」可用來估算降水強度及預測冰雹、大風等災害性天氣的可能性。dBZ 值越大降雨、降雪可能性越大，強度也越強，當它的值大於或等於 40dBZ 時，出現雷雨天氣的可能性較大，當它的值在 45dBZ 或以上時，出現暴雨、冰雹、大風等強對流天氣的可能性較大。判斷具體出現甚麼天氣時時，除了回波強度（dBZ）外，還要綜合考慮回波高度、回波面積、回波移動速度、方向以及演變情況等因素。

二、飛機飛行高度會受地面氣壓與地面氣溫變化之影響，說明飛機自高壓區飛向低壓區以及自高溫區飛向低溫區，沿固定之等壓面飛行時，實際飛航高度會有什麼變化，說明其原因。

解析

相同的等壓面在高壓區比低壓區為高。高溫區空氣膨脹，氣柱比較高，相反的，低溫區氣柱比較低。相同的等壓面在高溫區比低溫區為高。

飛機自高壓區飛向低壓區以及自高溫區飛向低溫區，沿固定之等壓面飛行時，實際飛航高度會偏低，也就是飛機沿著固定等壓面飛行時，越飛越低。

三、說明極區渦旋（Polar Vortex）形成之原因以及其對飛航之影響。

解析

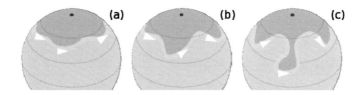

Meanders of the <u>northern hemisphere</u>'s <u>jet stream</u> developing (a, b) and finally detaching a "drop" of cold air (c). Orange: warmer masses of air; pink: jet stream.

The terms "<u>barotropic</u>" and "<u>baroclinic</u>" Rossby waves are used to distinguish their vertical structure. Barotropic Rossby waves do not vary in the vertical, and have the fastest propagation <u>speeds</u>. The baroclinic wave modes are slower, with speeds of only a few centimetres per second or less.

Most work on Rossby waves has been done on those in Earth's atmosphere. Rossby waves in the Earth's atmosphere are easy to observe as (usually 4-6) large-scale meanders of the <u>jet stream</u>. When these deviations become very pronounced, they detach the masses of cold, or warm, air that become <u>cyclones</u> and <u>anticyclones</u> and are responsible for day-to-day weather patterns at mid-latitudes. Rossby waves may be partly responsible for the fact that eastern continental edges, such as the <u>Northeast</u>

United States and Eastern Canada, are colder than Western Europe at the same latitudes.

　　因地球公轉的黃道面與地球赤道面交角（黃赤交角）成 23.5 度，地軸傾斜導致地球上各緯度所接受太陽之輻射熱量大不相同。太陽在赤道地帶比在高緯度地帶較為接近頭頂，赤道地帶接受最多太陽輻射能量，赤道地區地面溫度最高。在較高緯度，太陽光線斜射關係，得到太陽輻射能量較少，緯度愈高，太陽光線愈傾斜，得到太陽輻射能量愈少，尤其兩極地區地面溫度最低。自赤道起，地面溫度因緯度向兩極而降低，直至南北兩極地區地面溫度為最冷。低緯度地區地面溫度高，空氣柱膨脹；相對地，高緯度地區地面溫度低，空氣柱壓縮。因此，形成高緯度地面氣壓較高，高空 500 百帕氣壓較低；低緯度地面氣壓較低，高空 500 百帕氣壓較高等現象，這種現象在冬半年更為顯著，高空 500 百帕極區呈現極地低壓區，而在極地對流層頂與副熱帶對流頂間，水平溫度梯度最大處，形成強烈極鋒西風噴射氣流，通常圍繞著高空極地低壓區。

　　北極區指北緯 66.5° 以北地區，冬季北極區接收太陽熱能很少，冬季半年十分嚴寒，溫度極低，空氣密度大，空氣重量重，下沉，在近地面形成冷高壓，而高空 5.5 公里高度（高空 500 百帕），幾乎在整個北極區，形成極區低壓（極地氣旋；極區旋渦）。

　　當極鋒西風噴射氣流處於「正北極振盪」時，冷空氣會被「極鋒噴流」圍繞著，緊緊鎖在極區內無法出來，使得中低緯度地區的溫度偏暖。

　　相反地，當高空極地低壓區受低緯度地區的高空高壓向極區擠壓時，擠壓的結果，高空極地低壓局部向南延伸，形成 500 百帕高空深槽，同時高空深槽也向南延伸至中低緯度地區，此時極鋒噴流處於「負北極振盪」的狀態，南北擺動，震幅甚大，這種天氣類型，高緯地面極地氣旋（極區渦旋；Polar Vortex）最容易形成，極區渦旋把極地冷空氣往南帶出，使得中低緯度地區受到極地寒流的衝擊，並有暴風雪發生等天氣現象。

　　冬季有強烈氣旋（極區渦旋）活動時，嚴重飛機積冰與強烈亂流經常發生，尤以山區為最多。北冰洋與沿海地區主要危害天氣為秋冬吹雪與地面狂風。在北極區，飛機機翼上常佈滿雪、冰與霜，不可貿然起飛，因翼上積雪、積冰或積霜雖淺薄一層，會影響爬升及飛行能力。在極端嚴寒之情況下，航機停置戶外，機翼上容易產生白霜（hoar frost）。在北極區噴射飛機較傳統式螺旋槳飛機為容易起降。噴射飛機暴露於寒冷氣溫下，毋須增溫即能起飛。在北極區不須如在溫帶地區很長跑道，北極區寒冷而密度高之空氣，其密度高度很低（low density altitude），航機起飛較易浮升，跑道長度較短。

四、雲的高度是飛行天氣的重要資訊，說明如何利用探空資料來估算雲底之高度。

解析

　　探空資料包含溫度曲線和露點溫度曲線，某地或某高度的溫度循著乾絕熱線上升，而露點溫度循著混合比線上升，

兩者在 A 高度交叉（lift condensation level；LCL），A 點高度就是估算雲底之高度。

另外，以計算方式來估算雲底之高度，空氣溫度與露點相等時，相對濕度為 100%，飽和凝結。已知空氣在絕熱上升過程中，水氣含量保持常數不變，未飽和空氣絕熱直減率為 10℃/1000 公尺，露點直減率為 1.8℃/1000 公尺。在上升途中溫度與露點漸趨接近，接近速率為 8.2℃/1000 公尺。

地面溫度（TT）與露點（TD），差數（TT- TD），空氣上升時，水氣量保持常數，乾絕熱直減率大，露點直減率小，空氣繼續上升，差數逐漸變小，最後趨近於零為止。差數為零之高度，即為空氣飽和之高度，即凝結層之高度（H）。溫度與露點之差數被 8.2℃除，所得之商，可為雲底高度（1000公尺單位）。

五、冷鋒是影響飛航安全之重要天氣系統，冷鋒可分為急移（下滑）冷鋒與緩移（上爬）冷鋒，比較說明這兩種冷鋒以及伴隨天氣之特性。

解析

冷鋒可分為慢速冷鋒（slow moving cold front）和快速冷鋒（fast moving cold front），或分為上爬冷鋒（anabatic fronts；anafronts；upslope flow）和下滑冷鋒（katabatic fronts；katafronts；downslope flow）兩小類。快速冷鋒遭遇不穩定濕暖空氣所產生之天氣情形，鋒面移動快，在接近鋒面上方，高空空氣屬下降氣流，所以快速冷鋒又稱下滑冷鋒；在地面冷鋒前，空氣屬上升氣流，濃厚積雨雲及降水發生於鋒

面之前端，下滑冷鋒常伴隨惡劣之飛行天氣，惟寬度窄，飛機穿越需時較短。

（一）上爬冷鋒（anabatic fronts; anafronts; upslope flow）：

　　當慢速冷鋒移向暖氣團後，重而冷之空氣楔入暖的空氣之下，輕而暖的空氣則爬上冷而重的空氣，兩者之間所形成的鋒面，鋒面淺平，坡度不大，此種鋒面稱之為上爬冷鋒，如示意圖圖上。上爬冷鋒之鋒面坡度平淺，鋒面兩側氣團間之風速差別小。上爬冷鋒通過之後，雲幕範圍寬闊，廣大的下雨區，常構成低雲和大霧等現象。下雨使冷空氣中之濕度上升，而達飽和狀態，可能造成廣大地區有低雲幕與壞能見度之天氣。假如近地面溫度在冰點以下，高空有比較暖的空氣，氣溫在冰點以上時，其降水則以凍雨或以冰珠的形態降落。如高空有比較冷的空氣，氣溫在冰點以下時，其降水則以雪花形態降落。

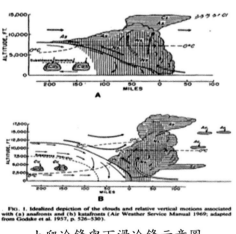

上爬冷鋒與下滑冷鋒示意圖

（二）上爬冷鋒與暖空氣

上爬冷鋒或慢速冷鋒遭遇穩定暖空氣與潮濕而條件性不穩之暖空氣時，因冷鋒移速較慢，坡度不大時，暖空氣被抬升，積雲和積雨雲自地面鋒面向後伸展頗廣，惡劣天氣輻度較寬。暖空氣穩定下，鋒面上產生之雲形為層狀雲。暖空氣在條件性不穩定下，鋒面上產生之雲形為積狀雲，並常有輕微雷雨伴生。層狀雲常產生穩定降水，有輕微亂流；積狀雲則產生陣性降水，亂流程度較強。

（三）下滑冷鋒（katabatic fronts; katafronts; downslope flow）

當快速冷鋒移向暖氣團後，重而冷之空氣楔入輕而暖的空氣之下，兩者之間形成鋒面，由於接觸地面之空氣被地面摩擦力向後拉，鋒面下部形成鼻狀，以致於鋒面之下部坡度十分陡峻，此種鋒面又稱之為下滑冷鋒，如示意圖圖下。下滑冷鋒之鋒面坡度陡峻，通常鋒面兩側氣團間之風速差別大。下滑冷鋒有陡峻之坡度，鋒面移行速度快速，僅有狹窄帶狀雲層和陣性降水。當鋒面兩側氣團性質懸殊，空氣含水量充足，暖氣團為條件不穩定，並且冷氣團快速移向暖氣團時，則沿鋒面附近一帶常有十分惡劣之雷雨天氣發生。強烈冷鋒概自西北或西南移向東、東北或東南方向。冬季冷鋒來臨前後發生惡劣嚴寒天氣，有時並出現塵暴（dust storms），鋒面過後，則隨之轉為乾冷天氣。鋒面可能出現極少量雲層或甚至無雲，特稱為乾鋒面（dry front），高空冷空氣沿鋒面坡度下滑或空氣太乾燥以致雲層只出現於高空。

下滑冷鋒更屬於教科書所謂典型標準的冷鋒，標準冷鋒過境時所發生之天氣過程為在暖氣團裡，冷鋒之前，最初吹南風或西南風，風速逐漸增強，高積雲出現於冷鋒之前方，

氣壓開始下降，隨之雲層變低，積雨雲移近後，開始降雨，冷鋒愈接近，降雨強度愈增加，待鋒面通過後，風向轉變為西風、西北風或北風，氣壓急劇上升，而溫度與露點急速下降，天空很快轉為晴朗的天氣。至於其雲層狀況，則視暖氣團之穩定度及水汽含量而定。

（四）下滑冷鋒與不穩定濕暖空氣

下滑冷鋒或快速冷鋒遭遇不穩定濕暖空氣，由於鋒面移動快，在高空接近鋒面下方，空氣概屬下沉，在地面上冷鋒位置之前方，空氣概屬上升，大部分濃重積雨雲及降水均發生於緊接鋒面之前端，此種下滑冷鋒或快移冷鋒常有極惡劣之飛行天氣伴生，惟其寬度頗窄，飛機穿越需時較短。

（五）下滑冷鋒天氣

冷鋒靠近地面部分，因地面摩擦力大，移行緩慢，鋒面坡度陡峻，冷鋒在地面摩擦層以上，移速快，活動力強，如果暖空氣水氣充足時，在條件不穩定下，鋒前常有強烈雷雨和陣雨，雷雨連成一線，形成鋒前颮線，颮線上積雨雲高聳，直衝天際，高達 12,000 公尺以上，最高積雨雲之雲頂可達 18,000-21,000 公尺。快速冷鋒過境後，低溫和陣風亂流同時發生，瞬時雨過天晴。

2016 年公務人員高等考試三級考試試題

類　科：航空駕駛（選試直昇機飛行原理）

科　目：航空氣象

一、什麼是間熱帶輻合帶（Intertropical Convergence Zone, ITCZ），說明間熱帶輻合帶的季節變動特性以及對飛航天氣之可能影響。

解析：

（一）間熱帶輻合帶位在在南北半球兩個海洋副熱高氣壓系統之中間地帶，赤道兩邊赤道帶地區，太陽輻射強烈，海面空氣受熱上升，加之東北信風與東南信風之輻合作用，使空氣被迫上升，對流盛旺，產生低壓槽。

熱帶海洋地區間熱帶輻合帶顯著，在大陸地區，甚為微弱而不易辨識。間熱帶輻合帶對流旺盛，攜帶大量水氣達於很大高度，其塔狀積雲，雲頂常高達 45000 呎以上。帶狀間熱帶輻合帶常出現一系列之積雲、雷雨及陣雨，可能形成熱帶風暴（tropical storm），雨量十分豐富。對流作用支配著熱帶輻合帶，無論在廣闊海洋上或島嶼上，天氣現象在間熱帶輻合帶影響下，幾乎相同。

（二）季節變動特性

間熱帶輻合帶夏季移向赤道以北，冬季移向赤道以南，約在緯度 5°S 與 15°N 之間活動。

（三）對飛航天氣之可能影響

航機飛越間熱帶輻合帶，如果能遵守一般規避雷雨飛行原則，應不致構成麻煩問題，航機可在雷暴間隙中尋求通道。在大陸地區間熱帶輻合帶為地形所破壞，難以辨識其存在，無法描述其天氣與間熱帶輻合帶之關係。

二、熱帶氣旋和溫帶氣旋的生成和發展都對飛航天氣有明顯的影響，試以生成和發展環境的水平溫度梯度，是否伴隨鋒面，中心的垂直運動，氣旋的垂直結構，最強風出現之位置以及發展的能量來源等，討論兩者的特性差異。

解析：

（一）熱帶氣旋

1. 生成和發展環境的水平溫度梯度

熱帶氣旋是屬於暖心低壓（warm core low），通常在高溫潮濕的熱帶海洋發生和發展，不具有水平溫度梯度，沒有伴隨鋒面。

熱帶氣旋在地面天氣圖上作同心圓之密集閉合等壓線，近中心部份等壓線呈正圓形，中心氣壓極低，惟無鋒面存在，與溫帶氣旋有異。熱帶氣旋是在熱帶溫暖洋面上形成，海溫高，在正壓大氣中形成，並且所在緯度需提供足夠的科氏力，不能有太大的垂直風切，利用潛熱的釋放提供熱帶氣旋能量。有利颱風生成與發展之重要條件為海溫大於26.5°C、低空輻合、氣旋型風切、高空輻散水平外流、東風

波、高空槽以及間熱帶輻合區等天氣系統為利於颱風生成與發展之重要條件

2. 中心的垂直運動

熱帶氣旋大致呈現軸對稱,在北半球逆時鐘方向旋轉,轉速相當快,可能具有颱風眼,內部有許多上升和下沉氣流,還有強對流的雨帶。

3. 氣旋的垂直結構

熱帶風暴四周空氣向內部旋轉吹入,至中心附近,氣流旋轉而上升,有濃厚之雨層雲及積雨雲,有傾盆大雨,愈近中心,雨勢亦愈猛。氣流繞中心旋轉,在北半球為逆時鐘方向,在南半球為順時鐘方向,風力強勁,愈近中心,風力愈猛。

風暴眼(eye of storm),上升氣流微弱,反而有下降氣流。熱帶氣旋地面輻合,高空輻散。且高空輻散大於地面輻合。

4. 最強風出現之位置

近地面風速最為強勁。

5. 發展的能量來源,來自熱帶風暴區內氣流運行強烈,上升氣流之大量凝結釋放潛熱作用,能量供應充足。

(二)溫帶氣旋

1. 生成和發展環境的水平溫度梯度

溫帶氣旋在中、高緯度地區斜壓大氣中形成,水平溫度梯度大,在滯留鋒或風切線上,因具有氣旋式風切,易產生小擾動,南邊較暖的空氣在擾動東邊往東北方形成暖鋒,北邊較冷的空氣在擾動西邊往東南方形成冷鋒,此時溫帶氣旋中

心位於冷鋒和暖鋒的交界處。由於冷鋒速度快，可追上暖鋒將暖空氣舉起，形成囚錮鋒，此時溫帶氣旋中心位於囚錮鋒盡頭。

2. 中心的垂直運動

在溫帶氣旋成長階段，水平溫度對比（溫度梯度、斜壓率）增加。低層溫度梯度增加，則伴隨熱力風切增加。及高層風將增加，則氣壓梯度力亦當增加。

3. 氣旋的垂直結構

溫帶氣旋是屬於冷心低壓（cold-core low）

4. 最強風出現之位置

高度越高，風速越強，接近對流層頂暖區風速達到最大。

5. 發展的能量來源

溫帶氣旋能量的主要來源為冷暖空氣間的溫度梯度，從南北向的溫度梯度，藉由擾動變成東西向的溫度梯度，再靠著次環流（冷空氣下降，暖空氣上升）產生動能。

溫帶氣旋成展來源主要經由氣團間溫度對比之可用位能轉換，即經由協壓不穩度機制；也可由基本氣流之動能轉換，即經由正壓不穩度機制；或由兩者同時轉換產生擾動動能，使擾動成長。

斜壓不穩度由基本氣流之斜壓結構決定（及垂直風切），正壓不穩度則由基本氣流之水平風切決定。

三、都卜勒雷達是監測飛航天氣重要之工具，說明雷達監測對流系統時，如何得知對流系統與雷達之距離，以及前方對流系統中可能有中尺度渦旋。

解析：

　　都卜勒氣象雷達和傳統氣象雷達都能觀測對流系統回波強度，而都卜勒氣象雷達更可以觀測到徑向風場，也即觀測到遠離或接近雷達位址的風速，兩部都卜勒雷達以上在一定距離內還可以還演成實際風場。傳統氣象雷達則無法觀測到徑向風場。判斷具體對流系統時，除了觀測回波強度外，還要觀測到回波高度、回波面積、回波移動速度、方向以及演變情況等。

　　對流系統雷雨中雨滴愈大及數量愈多，雷達回波愈強。雷達回波強度從冷色到暖色（0 到 70 dBZ），dBZ 值越大降雨、降雪可能性越大，強度也越強，大於或等於 40dBZ，雷雨天氣的可能性較大；45dBZ 或以上時，暴雨、冰雹、大風等強對流天氣的可能性較大。例如，觀測到勾狀回波顯示強降水；或碗狀回波代表強烈對流系統可能帶來地面有破壞性強風。

四、雷雨是危害飛航安全的天氣現象之一：何謂雷雨？午後雷雨的時空尺度有什麼特徵？說明鋒面雷雨天氣的特徵與形成之環境條件。

解析：

　　（一）雷雨

　　暖濕不穩定空氣受到鋒面、地形、熱對流或低壓輻合等外力抬舉作用，被迫上升到自由對流高度（level of free convection），暖空氣自由浮升，水氣凝結成雲，暖濕空氣愈

潮濕，愈容易上升達自由對流高度，產生積雨雲與雷雨之機會愈大。雷雨伴有閃電、雷聲、強烈陣風、猛烈亂流、大雨、偶或有冰雹等惡劣天氣，對飛行操作構成嚴重威脅，例如，亂流、下衝氣流、積冰、冰雹、閃電與惡劣能見度等惡劣天氣。

（二）午後雷雨的時空尺度

午後雷雨屬於熱雷雨，暖濕不穩定空氣，受到太陽輻射增溫。午後熱對流產生雷雨。午後雷雨由無數雷雨個體或雷雨胞（cell）組成，大半成群結隊，連續發生雷雨群之範圍可能廣達數百哩，雷雨延續時間長至六小時以上，但雷雨個體範圍很小，直徑很少超過十數公里以上者，雷雨個體範圍大小不一，大至直徑數十公里，小至六、七公里，整個生命自二十分鐘至一個半小時之間，很少超過二小時者。

（三）鋒面雷雨天氣的特徵與形成之環境條件

鋒面前暖濕空氣，常引發鋒面雷雨。鋒面雷雨持續維持成熟階段，上升與下降氣流同時存在，會出現極強烈亂流和冰雹，其個別雷雨胞之生命較氣團雷雨胞（午後熱雷雨）為久。強烈鋒面雷雨常包含許多生生滅滅之雷雨胞，持續不絕，雷雨複合體延續時間可長達 24 小時以上，移動距離可遠至 1000 哩。鋒面雷雨常伴隨鋒面、輻合氣流及高空槽線（鋒面雷雨）等天氣系統（weather system），天氣系統強迫氣流上升而產生雷雨，更可發展為颮線（颮線雷雨），午後加熱會增強雷雨猛烈程度。

雷雨可分為鋒面雷雨（frontal thunderstorm）和颮線雷雨（squall line thunderstorm）兩種。

1. 暖鋒坡度緩和，鋒上層狀雲，偶有雷雨隱而不顯，強度微弱。

2. 冷鋒坡度陡，雷雨群沿冷鋒排列，雷雨雲底較低，在下午時分特別強。

3. 暖鋒囚錮雷雨，群體大半沿高空冷鋒上排列，較暖鋒雷雨為強，但與暖鋒雷雨相似，常常隱匿於層狀雲之中。

4. 沿颮線產生之雷雨與沿冷鋒鋒面產生之雷雨相似，惟較為猛烈，雲底低，雲頂高聳，最猛烈颮線雷雨通常有冰雹，颮風（squall winds），甚至龍捲風伴生。發生時刻不定，以日暮黃昏產生之颮線雷雨最為兇猛。

5. 颮線雷雨伴隨快速冷鋒前 80 公里至 480 公里，與冷鋒平行，一系列雷雨群，稱為颮線，在冷鋒附近發展，颮線在冷鋒之前方快速移行。冷鋒時常快速產生一系列之新颮線，新颮線萌芽生長，替代衰老之舊颮線，生生不息，雷雨群亦隨之繁殖。強烈雷雨，延續不止，造成極端惡劣之天氣。颮線雷雨除與冷鋒伴生外，亦可形成於低壓槽（low pressure troughs）、間熱帶輻合區（inter-tropical convergence zone）、風切線（shear line）、東風波（easterly waves）以及低空氣流輻合地帶之中。

五、地形對空氣的運動影響至鉅，氣流在迎風面會受地形之阻擋作用而發生繞流或爬升現象。當氣流中某一空氣塊沿著地形爬升，並在某一個高度達到飽和而形成雲，說明此空氣塊的溫度、相對濕度、比濕、露點，以及飽和混合比在飽和前和飽和後之變化。

解析：

（一）飽和前

飽和前，空氣塊視為乾空氣，空氣塊沿著地形爬升，按乾絕熱遞減率而降溫，相對濕度逐漸增加，比濕不變。比濕是空氣中水的質量與濕空氣的質量之間的比。假如沒有凝結或蒸發的現象發生時，一個封閉的空氣在不同的高度下的比濕是相同的。比濕與混合比兩者相差不超過 4%，在一般情況下，可彼此互用。露點以及飽和混合比也不變。

（二）飽和後，空氣塊為濕空氣，相對濕度達到 100%。濕空氣塊沿著地形爬升，按濕絕熱遞減率而降溫，比濕、露點以及飽和混合比隨著水氣凝結也都降低。

2016 年公務人員特種考試民航人員

考試試題

考試別：民航人員特考三等考試

類　科：飛航管制、飛航諮詢

科　目：航空氣象學

一、請回答下列各題：

（一）說明對流層之特性及對流層中溫度和水汽之垂直變化情形。

（二）說明高空天氣圖上等高線與風場的關係。

（三）說明何謂潛在不穩定及其重要性。說明形成晴空亂流（Clear Air Turbulence, CAT）的最主要原因。

解析：

　　（一）對流層之特性及對流層中溫度和水汽之垂直變化情形。近地面層氣溫垂直遞減率為高度每上升 1km 氣溫下降 6℃。（temperature lapse rate）。對流層厚度，因時因地而不同，自赤道向兩極低降，赤道平均厚度 16~20 km，兩極平均厚度 7~9 km。夏季厚於冬季，日間厚於夜間。主要天氣風、雲、雨、雪、霜、露、冰雹、風暴、惡劣氣流、陣風

361

及垂直氣流等，大部份在對流層發生。

　　大氣水氣含量不定，大部分存在於對流層之底部，溫度高時，含量佔整個大氣之 3%-4%，溫度低時，含量僅佔0.01%，大氣平均水氣約佔 1.1%，量雖不多，但其變化多端，影響天氣至鉅。

　　（二）說明高空天氣圖上等高線與風場的關係。

　　地面上 600-900 公尺以上之高空，地面摩擦力小，風向通常與等高線（等壓面天氣圖）平行。

　　600-900 公尺高度以下，地面摩擦力增大，風向與等壓線或等高線不克平行，而構成一夾角。地轉風通常出現於高空。

　　（三）說明何謂潛在不穩定及其重要性。說明形成晴空亂流（Clear Air Turbulence, CAT）的最主要原因。

　　當地面至 700hPa 間相當位溫（θe）隨高度減少，即

$\partial\theta/\partial z < 0$

　　此層為潛在（或對流）不穩定。因相當位溫係由溫度及水分之垂直分布來決定。熱帶大氣中具有潛在不穩定及條件不穩定，故熱帶地區天氣主要由對流主宰，當有對流系統易組成雲簇，以釋放不穩定度，使原先溫度水氣垂直結構重新分配。

　　形成晴空亂流（Clear Air Turbulence, CAT）的最主要原因為高空噴射氣流（jet stream）附近有顯著的上下垂直風切與南北水平風切，容易形成晴空亂流。由於高空噴射氣流附近雲層很少，飛機飛經萬里無雲之天空，偶而會遭遇亂流，機身突然震動或猛烈摔動，此種亂流特稱為晴空亂流。

　　晴空亂流生成的主要原因為高空風切亂流（high level wind shear turbulence），晴空亂流不僅出現於噴射氣流附

近,也會在加深氣旋之風場裡也會發展成為強烈至極強烈晴空亂流。噴射氣流上下有強烈垂直風切,而晴空亂流發展最有利區域為冷暖平流伴隨強烈風切區域,它在靠近噴射氣流附近發展,尤其在加深之高空槽,噴射氣流彎曲度顯著增加區,當冷暖氣溫梯度最大之冬天,晴空亂流最為顯著。晴空亂流在噴射氣流冷的一邊(極地)之高空槽中最為常見。晴空亂流在沿著高空噴流且在快速加深地面低壓之北與東北方出現。晴空亂流在加深低壓,高空槽脊等高線劇烈彎曲地帶以及強勁冷暖平流之風切區。

　　山岳波也會產生晴空亂流,自山峰以上至對流層頂上方 500ft 之間出現,水平範圍可自山脈背風面向下游延展 100 英里或以上。

二、有些中尺度劇烈對流系統會伴隨下爆流（Downburst）；說明形成下爆流之重要環境條件及原因,並說明其對飛航安全的影響。

解析：

　　微爆氣流（Microburst）是一種在氣團、多胞雷雨（Multi-cell thunderstorm）或超大胞雷雨（Super-cell thunderstorm）中都可能發生的小尺度天氣現象。源自平流層中快速移動之乾空氣,從雷雨積雨雲中沖瀉而下,至低空再挾帶大雨滴和冰晶,向下猛衝,形成猛烈之下爆氣流（Downburst）。下爆氣流之突然出現,會引起很強的低空風切,因為其尺度很小且威力強大,對飛機危害甚大。

　　微爆流是指雷雨所產生的強烈局部下降運動，水平尺度小於 4 公里的稱為下爆氣流（microburst），大於 4 公里的稱為巨爆流（macro-burst）。

　　下爆氣流與飛航安全

　　下爆氣流發生時，其內部會有強烈的小尺度下衝氣流到達地面，且在地面造成圓柱狀水平方向的輻散氣流。飛機穿越此種氣流時，會遭遇逆風轉變為順風的低空風速轉變帶，該風速轉變帶稱為低空風切。

　　當飛機飛進下衝氣流地面輻散場時，會先遇到頂風氣流，飛機空速相對增加，機翼浮揚力增強。待飛機過了下衝氣流中心線，隨即遭遇從機尾來的強順風，於是機上空速表急遽下降，機翼浮力不足，飛機因而失速下墜；惟此時已在進場最後階段，其高度無法使駕駛員與飛機有充分的時間反映，因而無法重飛，導致失速墜毀，下爆氣流與飛機進場下降和離場起飛航機如圖所示。

下爆氣流對航機起降之影響示意圖

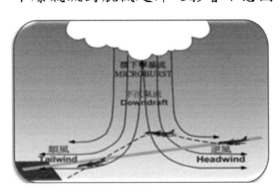

三、霧常影響飛機起降之安全,機場亦常因濃霧而關閉。就形成原因而言,霧可分輻射霧和平流霧;說明輻射霧和平流霧的重要特徵和形成原因,並說明兩者對機場運作的可能影響情形。

解析:

　　空氣冷卻降溫,氣溫接近露點溫度,空氣中水氣達到飽合而形成霧,冷卻作用而形成之霧稱為冷卻霧。

　　近地表空氣因夜間地表輻射冷卻,氣溫降接近露點溫度,空氣中水氣達到飽和而凝結成細微水滴,懸浮於低層空氣中,是為輻射霧。

　　形成輻射霧之有利條件為寒冬或春季在夜間無雲的天空,地表散熱冷卻快,相對濕度迅速升高,加上無風狀態下,最容易形成輻射霧。

　　早晨輻射霧,太陽升起後,氣溫逐漸升高,相對濕度變小,能見度隨之變好,下層空氣增溫,空氣逐漸變為不穩定,引起上下空氣混合,霧氣則漸漸消散。

　　唯輻射霧之上方有雲時,會阻止或延緩太陽輻射到達地面,使霧氣不易消散,能見度轉佳速度變為十分緩慢。或在平坦陸地上如機場經常發生的淺薄輻射霧,風速在每小時 5 浬左右時,上下空氣會有輕微混和,近地層冷卻高度增加,輻射霧厚度亦隨之加大。

　　溫暖潮濕的空氣平流至較冷之陸面或海面,冷卻降溫,空氣中的水氣達到飽和,凝結而形成霧,是為平流霧。

　　發生在海上或沿海地帶的平流霧,又稱海霧(sea fog),

常會往內陸地區移動。

有時平流霧也會和輻射霧同時產生。當風速增至 15 浬／時時，平流霧會擴大。若風速再增強，平流霧會被抬升，變為低層雲或層積雲。

台灣西岸沿海（美國加州沿海類似）一帶是容易形成平流霧的地區，潮濕空氣在較冷水面上移動，形成海岸外之平流霧，平流霧常常隨風吹至內陸。

航機飛行於平流霧與輻射霧上空，前者常較後者範圍廣闊與持續長久，且無論日夜，平流霧比輻射霧移動快速。

四、位於東亞的臺灣、日本和菲律賓，每年夏秋季均常受颱風影響，而導致相當大的災害並嚴重影響飛安；試說明颱風的重要結構特徵，此外並說明影響颱風路徑的重要因素。

解析：

颱風在地面天氣圖上作同心圓之密集閉合等壓線，近中心部份等壓線呈正圓形，中心氣壓極低，惟無鋒面存在，與溫帶氣旋有異。

颱風四周空氣向內部旋轉吹入，至中心附近，氣流旋轉而上升，有濃厚之雨層雲及積雨雲，有傾盆大雨，降雨雲幕常低至 60 公尺（200 呎），愈近中心，雨勢亦愈猛。

氣流繞中心旋轉，在北半球為逆時鐘方向，在南半球為順時鐘方向，風力強勁，愈近中心，風力愈猛。

中心稱為風暴眼（eye of storm），上升氣流微弱，反而

有下降氣流。眼範圍小，直徑僅數公里至數十公里，最小 8 公里，最大很少超過 48 公里，眼內風力微弱，天氣晴朗，偶有稀疏之碎積雲或碎層雲，與眼外天氣大不相同。

伴隨颱風移近，雲的變化順序，大致與靠近暖鋒之順序相似，首見卷雲出現，繼之卷雲增厚為卷層雲，再由卷層雲形成高層雲與高積雲，進而出現大塊積雲與積雨雲，向高空聳峙，衝出雲層，最後積雲、雨層雲及積雨雲增多，與其他雲體合併，圍繞暴風眼四周構成雲牆（wall cloud）。雲牆高度可展伸至 50000 呎以上，包含狂湧大雨及最強風速，曾有風暴達 175 浬/時之風速記錄。逐漸接近颱風中心，風力開始增強，有間歇性之陣雨，

更近中心雲層加厚，出現濃密之雨層雲與積雨雲，風雨亦逐漸加強，愈近中心風力愈形猛烈，

進入眼中，雨息風停，天空豁然開朗，眼區經過一地約需一小時，

眼過後狂風暴雨又行大作，惟風向已與未進入眼之前相反，此後距中心漸遠，風雨亦減弱。

颱風常受太平洋副熱帶高壓環流的影響而移動，低緯度颱風初期位在太平洋副熱帶高壓南緣，多自東向西移動，其後位在副熱帶高壓西南緣，逐漸偏向西北西以至西北，至 20°N 至 25°N 附近，颱風位在副熱帶高壓西北或北緣，此時颱風受到低空熱帶系統與高空盛行西風系統互為控制之影響下，致使其移向不穩定，甚至反向或回轉移動，最後盛行西風佔優勢，終於在其控制之下，漸轉北進行，最後進入西風帶而轉向東北，在中緯度地帶，漸趨消滅，或變質為溫帶氣旋。颱風全部路徑，大略如拋物線形。

航空氣象試題與解析

第三部份　附錄

民用航空局航空氣象題庫範本

~適用於商用駕駛員、民航業運輸駕駛員、
簽派員及飛航機械員等執照考試

摘自交通部民用航空局

http：//www.caa.gov.tw/APFile/big5/download/fsd/（A24）CPL
航空氣象.doc（2016.6.6.更新）

駕駛員、簽派員和飛航管制員檢定題庫範例－（A24）航空
氣象

（C）1‧平流層（stratosphere）的特性為何：（A）高度上
升溫度下降（B）平流層底約在 35,000 呎（C）高
度上升溫度不變

（B）2‧中緯度地區平均對流層（troposphere）的高度為：
（A）20,000 呎（B）37,000 呎（C）45,000 呎

（A）3‧造成天氣變化的原因為何？（A）各地接收到的太
陽能量不同所致（B）地表壓力不同所致（C）氣
團的移動所致

（B）4‧如果 1,350 呎的氣溫是 8°C，依標準大氣之溫度變
化（standard（average）temperature lapse），結冰高
度（freezing level）為何？（A）3,350 呎（B）5,350
呎（C）9,350 呎

（C）5‧通常地面逆溫（inversion）的成因：（A）暖空氣受
地型抬升（B）冷空氣移動到暖空氣上方或暖空氣移
動到的冷空氣下方（C）夜間微風時地表輻射冷卻

（B）6‧地面為南風，5000 呎吹西南風，這樣的差異是:（A）
高度愈高處，氣壓梯度力愈大 （B）地表摩擦力
所致（C）地表柯氏力（Coioslis force）所致

（B）7・地面風與位於 2,000 呎高空風之間的關係是：（A）
兩者風向一樣，因地表摩擦力所致，地面風風速較
小（B）2000 呎高空風之風向平行等壓線
（isobars），地面風則是吹跨越等壓線，且風速較
小（C）2000 呎高空風風速較小

（C）8・在北半球，是那一種力造成風向偏右，轉變為平行
等壓線（isobars）：（A）離心力（Centrifugal）（B）
氣壓梯度力（Pressure gradient）（C）柯氏力（Coioslis
force）

（A）9・『露點溫度』（dew point）的定義：（A）定壓下使
氣溫下降到空氣內的水汽飽和（saturated）時之溫
度（B）水汽之凝結（condensation）和蒸發
（evaporation）速度相等時（C）當氣溫達到露點
溫度時，就會形成露水

（B）10・空氣中的水汽含量由下列哪一項決定：（A）相對
濕度（relative humidity）（B）氣溫（C）大氣的
穩定度（stability of air）

（B）11・大氣的穩定度由下列哪一項決定：（A）低層風（B）
垂直大氣的溫度變化（Ambient lapse rate）（C）
大氣壓力

（A）12・未飽和空氣（Unsaturated air）隨高度的（乾絕
熱）溫度變化率為：（A）每上升一千呎溫度下降
3°C（B）每上升一千呎溫度下降 2°C（C）每上
升一千呎溫度下降 2.5°C

（C）13．穩定（stable）而潮濕的空氣強制抬升， 通常會
形成：（A）層狀雲（Stratified clouds ）（B）直展
雲（C）層狀雲（Stratified clouds）並有伴隨極小
的垂直運動

（C）14．哪一種天氣型態造成積狀雲（cumuliform type
clouds），能見度好， 陣雨， 及明冰的積冰
（clear-type icing）？（A）潮濕及不穩定的大氣
及缺乏抬升運動（B）乾燥及穩定的大氣及抬升
運動（C）潮濕及不穩定的大氣及抬升運動

（C）15．雲依其高度與發展分為：（A）層狀雲（Stratus），
積狀雲（cumulus），雨雲（nimbus），卷狀雲（cirrus）
（B）上升氣流，鋒面，溫度下降及降水形成的
雲（C）高雲族，中雲族，低雲族，直展雲族（vertical
development）

（C）16．高雲的組成：（A）臭氧（ozone）（B）凝結核
（condensation nuclei）（C）冰晶（ice crystals）

（B）17．哪一種雲帶來的亂流最強：（A）塔狀積雲（TCU）
（B）積雨雲（CB）（C）高積雲（AC）

（B）18．通常工業區比較容易有霧，其主要原因是：（A）
都市的空氣比較穩定（stabilization）（B）空氣中
有較多燃燒產物之凝結核（condensation nuclei）
（C）工業污染造成氣溫上升

（A）19．哪一種天氣型態造成輻射霧（radiation fog）：（A）
晴空靜風的夜間，地表上方空氣水汽充分（B）

暖濕的熱帶空氣移動到較冷的海水面（C）冷空氣移動到較暖的水域

（B）20．不穩定（unstable）的冷空氣移動到暖水域，會造成：（A）積雲（Cumuliform clouds），亂流，低能見度（B）積雲（Cumuliform clouds），亂流，能見度良好（C）層雲（Stratiform clouds），無亂流，低能見度

（C）21．雷雨形成的原因：（A）充沛水汽且伴隨積雲（B）充沛水汽，伴隨積雲且逆溫（inverted lapse rate）（C）充沛水汽之不穩定（unstable）及抬升運動

（A）22．雷雨（thunderstorm）的成熟（mature）期的徵兆為：（A）開始下雨（B）形成雲的速度加快（C）雲裡有很強的亂流

（B）23．雷雨（thunderstorm）的哪一個階段具明顯的下沖氣流（downdrafts）：（A）積雲期（Cumulus）（B）消散期（Dissipating）（C）成熟期（Mature）

（B）24．雷雨（thunderstorm）活動伴隨明顯下沖氣流（downdrafts）的成熟期（mature stage），其特徵為：（A）積雨雲頂有明顯的砧狀雲頂（anvil top）（B）開始下雨（C）形成陣風鋒面（gust front）

（C）25．風切（wind shear）的特性為：（A）大氣中有臭氣成份（zones）且有幅合現象（convergence）所致（B）柯氏力（Coioslis force）在高層及低層大氣不同所致（C）伴隨低層大氣的逆溫（inversion），

噴射氣流（jet stream），及鋒面帶（frontal zone）
的大氣現象

（B）26・精確進場時，風由尾風轉變成頭風，推力應如何
調整以保持恆定的指示空速？（A）設較大的推
力，進入風切區時增加推力，之後再減低推力（B）
設較小的推力，進入風切區時減低推力，之後再
增加推力 （C）設較大的推力，進入風切區時減
低推力，之後再增加推力

（B）27・爬升或下降時穿越逆溫層或風切區，飛行員應該
要注意下例哪一種飛機性能的改變？（A）較高
的爬升率和較低的下降率 （B）突然的空速改變
（C）突然的推力減少

（C）28・根據下列TAF，KBNA地面天氣狀況為何？METAR
KBNA　211250Z　33018KT　290V260　1/2SM
R31/2700FT　+SN　BLSNFG VV008　00/M03
A2991　RMK　RAE42SNB42（A）風向介於290°
至360°（B）31號跑道上大雪及霧（C）12點42分
雨停且開始下雪

（A）29・TAF中出現"VRB"，指風速在下列那一個範圍內
（A）3節（knots）或3節以下（B）6節或6節
以下（C）9節或9節以下

（B）30・當能見度大於6英哩時，TAF的預報方式為：（A）
6PSM（B）P6SM（C）6SMP.

（A）31‧根據下列 TAF,1800Z 風的狀況為何？　KMEM 091740Z　0918/1018　00000KT　1/2SM　RAFG OVC005=（A）靜風（B）未知（C）沒有資料

（A）32‧何時 SIGMET 會發佈？（A）大範圍沙塵暴造成能見度低於 3 哩（B）中度積冰（C）地面風 30 節或以上

（B）33‧AIRMETS 最大的預測時間為何？（A）2 小時（B）4 小時（C）6 小時

（C）34‧AIRMETs 何時會重新發佈？（A）只在整點過後 15 分鐘（B）前一 AIRMET 失效後 15 分鐘（C）每 4 小時

（C）35‧如何讓空氣內水汽增加？（A）昇華及凝結（B）蒸發及凝結（C）昇華及蒸發

（A）36‧在北半球，風向受到哪一種影響：（A）受柯氏力（Coioslis force）影響偏向右（B）受摩擦力影響偏向右（C）受柯氏力（Coioslis force）影響偏向左

（C）37‧下列敘述何者正確：（A）高壓或脊線（ridge）為上升氣流形成的（B）低壓或槽線（trough）為下降氣流形成的（C）高壓或脊線（ridge）為下降氣流形成的

（B）38‧如果你在北半球飛向低氣壓：（A）風由左邊來，且風速會減弱.（B）風由左邊來，且風速會增加（C）風由右邊來，且風速會減弱.

（A）39・在北半球，越野飛行（cross-country）如果有左側
風表示：（A）飛行目的地天氣不佳（B）飛行出
發地天氣不佳（C）缺乏氣壓資料，無法判斷天
氣好壞

（A）40・哪一種力阻礙風由高壓吹向低壓：（A）柯氏力
（Coioslis force）（B）地表摩擦力（C）氣壓梯度
力（Pressure gradient force）

（B）41・在北半球，低氣壓的特性為：（A）反氣旋式氣流
而且伴隨下降的空氣（B）受柯氏力影響為氣旋
式流動（C）受柯氏力影響為反氣旋式流動

（B）42・對流層頂的特性為：（A）對流層頂高度全球一致
（B）環境溫度變化率驟變（C）雲頂發展極限位置

（A）43・標準大氣於一萬呎時的溫度是：（A）–5°C.
（B）–15°C.（C）+5°C.

（A）44・標準大氣於海平面的溫度及氣壓是：（A）15°C
及 29.92 吋水銀柱高（B）59°F 及 1013.2 吋水銀
柱高（C）15°C 及 29.92 百帕

（C）45・標準大氣於兩萬呎時的溫度是：（A）–15°C.
（B）–20°C.（C）–25°C.

（B）46・天空出現莢狀高積雲（lenticular altocumulus）表
示：（A）靜風（B）很強的亂流（C）嚴重積冰
（icing conditions）

（A）47・哪一種天氣型態造成地面逆溫（inversion）：（A）
夜間且天空晴朗，微風或靜風造成的（B）地表

377

加熱後快速的傳送到不穩定大氣造成的（C）大
範圍的積雲且雲底的高度一致

（C）48‧哪一種關於平流霧（advection fog）的敘述正確：
（A）緩慢形成，快速消散.（B）只在夜間或日
出時形成的（C）無論白天或夜間都有可能形成
而且比輻射霧（radiation fog）持續的時間久

（B）49‧決定天空中形成層雲（stratiform）或積雲
（cumuliform）的主要原因是（A）抬升方式（B）
大氣的穩定度（stability）（C）空氣抬升時的溫度

（A）50‧有關對流（convective circulation）形成的原因為
何？（A）冷空氣下降強，導致熱空氣上升（B）
熱空氣因其密度較小而上升（C）地面熱空氣較
冷空氣多，且因熱空氣密度較小產生上升運動

（B）51‧雷雨的"積雲階段（cumulus stage）"，其特性為何：
（A）滾軸雲（Roll cloud）（B）連續的上升氣流
（C）開始下雨

（B）52‧哪一種危害性天氣夾帶強風，冰雹（hail）及龍捲
風（tornadoes）？（A）緩慢移動的暖鋒（warm
fronts）（B）颮線（Squall Line）（C）快速移動的
囚錮鋒（occluded fronts）

（C）53‧雷雨產生的亂流發生位置為何？（A）亂流可以
延伸至雷雨雲外 50 哩範圍內（B）亂流只有風發
生在積雨雲底及水平方向 5 哩範圍內（C）亂流
可以延伸至雷雨雲外 20 哩範圍內

（B）54‧根據下列 METAR，預估對流雲（convective-type cumuliform clouds）底高度為何？KTUS … 08004KT 4SM HZ ….. 26/04 A2995 RMK RAE36（A）4,400 呎（B）8,800 呎（C）17,600 呎

（A）55‧地面天氣圖（Surface Analysis Chart）上相等的海平面氣壓值（sea level pressure）的連出來的線稱為:（A）等壓線（isobars）（B）等偏角線（isogons）（C）毫巴（millibars）

（B）56‧地面天氣圖（Surface Analysis Chart）上，等壓線（isobars）較密集表示:（A）氣壓梯度（pressure gradient）較小（B）氣壓梯度（pressure gradient）較大（C）溫度梯度（temperature gradient）較大

（B）57‧TAF 中"P6SM" 表示，能見度大於:（A）6 海浬（B）6 英哩（C）6 公里

（C）58‧哪一種天氣資料可以提供落地時機場的天氣資料？（A）低層大氣顯著危害天氣圖（Low-level Prog Chart）（B）雷達天氣圖（Radar Summary and weather depiction charts）（C）TAF

（A）59‧"VC"表示機場附近的天氣資料，其範圍是？（A）機場附近 8 到 16 公里的範圍（B）機場中心至其附近 8 公里的範圍（C）機場附近 16 公里以外的範圍

（B）60‧根據下列METAR,12 日 0230Z 風速為何？ RCTP 120230Z 25017KT 8000 -SHRA FEW012

BKN025 OVC090 27/24 Q0995 TEMPO 1500
SHRA=（A）25 節（B）17 節（C）50 節

（C）61‧根據下列 METAR,12 日 0230Z 能見度為何？
RCTP 120230Z 25017KT 8000 -SHRA
FEW012 BKN025 OVC090 27/24 Q0995
TEMPO 1500 SHRA=（A）1500 公尺（B）1500
呎（C）8000 公尺

（C）62‧根據下列 METAR,12 日 0230Z 雲幕高（Ceiling）
為何？RCTP 120230Z 25017KT 8000
-SHRA FEW012 BKN025 OVC090 27/24
Q0995 TEMPO 1500 SHRA=（A）1200 呎（B）
9000 呎（C）2500 呎

（A）63‧根據下列 METAR,12 日 0230Z 露點溫度（Dew
Point Temperature）為何？RCTP 120230Z
25017KT 8000 -SHRA FEW012 BKN025
OVC090 27/24 Q0995 TEMPO 1500
SHRA=（A）24°C（B）27°C（C）27°C

（C）64‧根據下列 METAR,12 日 0230Z 溫度為何？RCTP
120230Z 25017KT 8000 -SHRA FEW012
BKN025 OVC090 27/24 Q0995 TEMPO
1500 SHRA=（A）24 度 C（B）27 度 F（C）27
度 C

（A）65‧根據下列 METAR,12 日 0230Z 高度表撥值(QNH)
為何？RCTP 120230Z 25017KT 8000 -SHRA

380

FEW012　BKN025 OVC090 27/24　Q0995　TEMPO 1500　SHRA=（A）995 mb（B）27 吋 水銀汞柱高（in-Hg）（C）1012 mb

（C）66．所有天氣的自然變化過程（physical process），都是來自於，或是都會伴隨著產生（A）空氣的移動（B）氣壓的壓差（C）熱交換

（A）67．造成各個氣象觀測站間高度表撥定值（QNH）不同的原因為何（A）地表受熱不均勻（B）地表高低之不同（C）科氏力

（B）68．離地表5000呎高度的風向是西南風，但地表的風向是南風。此一風向差異的最主要原因是（A）高高度的壓差梯度較大（B）風與地表之間的摩擦（C）地表的科氏力較強

（C）69．與對流循環有關的海風是由何所造成的（A）溫暖、且密度較大的空氣自海上流向內陸（B）水吸收及輻射熱的速度較陸地為快（C）冷而密度較大的空氣自海上流向內陸

（C）70．上昇熱氣流的發展需仰賴（A）反時鐘方向旋轉的循環（B）逆溫（C）太陽光加熱

（C）71．兩個不同氣團間的交界面稱做（A）鋒面減弱（frontolysis）（B）鋒面形成（frontogenesis）（C）鋒面

（A）72．飛越鋒面後一定會發生的天氣現象改變是（A）風向（B）降雨類型（C）氣團的穩定度

（A）73．跨越鋒面最容易注意到的不連貫性是（A）溫度
改變（B）雲的覆蓋面增加（C）相對濕度增加

（B）74．如果在你打算落地的機場附近有雷雨，則在你的
進場落地過程中預期會遭遇到什麼樣的危險天氣
現象？（A）降雨造成的靜電（precipitation static）
（B）風切亂流（C）穩定的降雨

（B）75．通常生成於冷鋒前端的一條非鋒面性狹窄的雷雨
帶叫做什麼（A）鋒前系統（prefrontal system）（B）
颮線（squall line）（C）乾燥線（dry line）

（A）76．雷雨的生成需要些什麼條件？（A）濕度大、上
升力（lifting force）以及不穩定的狀況（B）濕度
大、溫度高以及積雲（cumulus clouds）（C）上升
力（lifting force）、潮濕的空氣以及大量覆蓋的雲
（extensive cloud cover）

（B）77．在雷雨的生命週其中，哪一個階段最顯著的特徵
是下沈氣流（downdrafts）？（A）累積期（cumulus）
（B）消散期（dissipating）（C）成熟期（mature）

（A）78．雷雨在哪個階段達到其最大強度（A）成熟期
（mature stage）（B）下沈氣流期（downdraft stage）
（C）積雲期（cumulus stage）

（B）79．哪一項特徵通常與雷雨的積雲期（cumulus stage）
有關？（A）捲軸雲（roll cloud）（B）持續的上
升氣流（updraft）（C）經常發生閃電

（B）80‧哪一項天氣現象代表雷雨成熟期（mature stage）的開始？（A）砧狀雲（anvil top）的出現（B）降雨（precipitation）開始落下（C）雲的成長率最大時

（A）81‧通常會對飛機產生最強烈危害的雷雨是（A）颮線（squall line）雷雨（B）穩定狀態的雷雨（steady-state thunderstorms）（C）暖鋒雷雨

（A）82‧哪一項天氣現象總是會伴隨著表雷雨發生？（A）閃電（B）大雨（C）冰雹

（C）83‧在飛行中要形成結構性結冰（structural icing）的一項必須的條件是（A）溫度與露點溫度（dewpoint）的差距小（B）層狀雲（stratiform cloud）（C）可見水氣（visible moisture）

（C）84‧在哪種環境下飛機的結構性結冰（structural icing）會有最大的累積率？（A）積雲（cumulus clouds）且溫度低於零度（B）凍毛雨（freezing drizzle）（C）凍雨（freezing rain）

（C）85‧在地表有冰霰（ice pellet），則證明（A）該地區有雷雨（B）該區曾有冷鋒通過（C）其上空有逆溫現象（temperature inversion）且更高之上空有下凍雨（freezing rain）

（C）86‧一種狀如杏仁或鏡片狀的雲，看來似乎是靜止的，但其中可能存有超過 50 節風的雲名為（A）不活躍的鋒面雲（inactive frontal cloud）（B）漏斗雲（funnel cloud）（C）筴狀雲（lenticular cloud）

（B）87‧一種在會出現在山岳波（mountain wave）頂端，靜止的鏡片狀雲名為（A）乳房狀高積雲（mamatocumulus cloud）（B）靜止的筴狀雲（lenticular cloud）（C）捲軸雲（roll cloud）

（A）88‧當有超過 40 節的風在下列何狀況下即應預期會有山岳波亂流（mountain wave turbulence）（A）當風橫向吹過山脊，且氣流穩定時（B）當風向下吹進山谷，且氣流不穩定時（C）當風的吹向與山嶺平行，且氣流穩定時

（C）89‧風切（wind shear）會發生在何處？（A）只有在高高度（B）只有在低高度（C）在所有高度的任何方向

（C）90‧當地表以上 2,000 到 4,000 英呎高度的風速至少有多大時，飛行員即可預期在逆溫（temperature inversion）層中會有風切區（wind-shear zone）（A）10 節（B）15 節（C）25 節

（B）91‧下列何情況中預期會有嚴重的風切？（A）當穩定的空氣越過山時，會以層流的方式形成筴狀雲（lenticular cloud）（B）在低空逆溫（temperature inversion），層、鋒面區域（frontal zones）及晴空亂流（clear air turbulence）區（C）在鋒面過境後形成層積雲（stratocumulus）顯示有機械混合層（mechanical mixing）

（C）92・若溫度與露點溫度間的差距很小且該差距在持續縮小中，在華氏 62 度的情形下，最容易生成哪種型態的天氣（A）凍雨（freezing precipitation）（B）雷雨（C）霧或低雲

（C）93・『露點溫度』代表什麼意思？（A）在該溫度下凝結（condensation）率等於蒸發（evaporation）率（B）在該溫度下一定會生成露（dew）（C）將空氣降溫，降到使該空氣達到飽和（saturated）時的溫度

（B）94・空氣中能夠含水蒸氣量（water vapor）的多寡取決於（A）露點溫度（dewpoint）（B）氣溫（C）空氣之穩定度

（A）95・什麼作用可將水汽（moisture）加入未飽和（unsaturated）的空氣中（A）蒸發（evaporation）及昇華（sumblimation）（B）加熱（heating）及凝結（condensation）（C）過飽和（supersaturation）及蒸發（evaporation）

（B）96・什麼情形下會生成霜？（A）當小滴的水汽（moisture）落在溫度在冰點（freezing）或低於冰點的表面上（B）當小滴的水汽（moisture）所落下的表面，其溫度等於或低於其周邊鄰近空氣的露點溫度，且該露點溫度（dewpoint）低於冰點（C）當小滴的水汽（moisture）所落下的表面，其周邊鄰近空氣的溫度等於或低於低於冰點

（A）97・什麼時候一定會生成雲、霧、或是露（A）水蒸氣凝結（condense）時（B）有水蒸氣時（C）相對濕度（relative humidity）達到 100%時

（C）98・哪種霧會有低空亂流（low-level turbulence）及危險的結冰現象？（A）下雨造成的霧（rain-induced fog）（B）上坡霧（upslope fog）（C）蒸汽霧（steam fog）

（B）99・在哪種情況下最容易形成平流霧（advection fog）？（A）山坡迎風面上的一個溫暖潮濕的氣團（air mass）（B）在冬天裡一個氣團從海岸移向內陸（C）一股微風將較冷的空氣吹到海上

（A）100・哪種情況最易導致輻射霧（radiation fog）的生成？（A）在清澈無風的夜裡，溫暖潮濕的空氣處於低平地區的上空（B）潮濕的熱帶空氣移到冷的近海水域（offshore water）之上（C）冷空氣移到較暖的空氣之上

（C）101・何種霧需要有風才會生成？（A）輻射霧（radiation fog）及冰霧（ice fog）（B）蒸氣霧（steam fog）及地面霧（ground fog）（C）平流霧（advection fog）及上坡霧（upslope fog）

（B）102・雲是依照什麼來分成高雲族，中雲族，低雲族，直展雲族？（A）外型（B）高度（C）組成成分

（B）103‧ "nimbus"這個用來給雲命名的字尾，是什麼意思？（A）垂直向上發展的雲（B）雨雲（C）含有冰霰（ice pellet）的中層雲

（B）104‧ 形成積雨雲（cumulonimbus）所必須的條件為上升作用（lifting action）以及（A）含有過多凝結核（condensation nuclei）的不穩定空氣（B）不穩定的潮濕空氣（C）穩定或是不穩定的空氣

（B）105‧ 哪種雲會有最嚴重的亂流（turbulence）？（A）塔狀積雲（towering cumulus）（B）積雨雲（cumulonimbus）（C）雨層雲（nimbostratus）

（C）106‧ 哪種雲顯示有對流所造成的亂流（convective turbulence）？（A）卷雲（cirrus clouds）（B）雨層雲（nimbostratus clouds）（C）塔狀積雲（towering cumulus clouds）

（B）107‧ 若地面空氣溫度為華氏82度，而露點溫度為華氏38度，則飛行員可預期積狀雲（cumuliform clouds）的雲底距離地面高度大約為多少？（A）地面上（AGL）9,000英尺（B）地面上（AGL）10,000英尺（C）地面上（AGL）11,000英尺

（C）108‧ 若從海平面算起（MSL）1,000英尺的地面空氣溫度為華氏70度，而露點溫度為華氏48度，則積雲（cumulus clouds）的雲底距離地面高度大約為多少？（A）從海平面算起（MSL）4,000

英尺（B）從海平面算起（MSL）5,000 英尺（C）從海平面算起（MSL）6,000 英尺

（A）109‧穩定空氣的特徵為何？（A）層狀雲（stratiform clouds）（B）能見度（visibility）無限大（C）積雲（cumulus clouds）

（C）110‧高空風預測（Winds Aloft Forecast）所用之數值為何？（A）磁向（magnetic direction）及節（knots）（B）磁向（magnetic direction）及每小時英哩（miles per hour）（C）真向（true direction）及節（knots）

（C）111‧顯著天氣報告（SIGMET）是對哪些飛機發布的，有關危害天氣狀況的警告？（A）僅針對小飛機（B）僅針對大飛機（C）所有的飛機

（A）112‧（參閱 chart 6）ZGGG 18,000 英呎高空風的預報為何？（A）真向（true）260 度，速度 10 節（B）真向（true）23 度，速度 6 節（C）磁向（magnetic）235 度，速度 6 節最大陣風（gust）到 16 節

（B）113‧（參閱 chart 6）ZSSS 附近 29,000 英呎高空風及溫度的預報為何？（A）磁向（magnetic）023 度，速度 53 節，溫度攝氏 47 度（B）真向（true）300 度，速度 70 節，溫度攝氏負 35 度（C）真向（true）235 度，速度 34 節，溫度攝氏負 7 度

（A）117． （參閱 figure 6），位在冷鋒前的墨西哥灣區
（Gulf Coast），前 12 小時的天氣預報如何？（A）
雲幕高（ceiling）1,000 至 3,000 英呎且/或能見
度（visibility）3 至 5 英哩，且有間歇性的雷陣
雨（thundershower）及陣雨（rain shower）（B）
灣區是儀器天氣(IFR)且有中到強度的亂流(C)
在鋒面之前有朝向東北方移動的雨及雷雨

（A）118． （參閱 figure 6），請問 12 小時顯著天氣預報圖
（Significant Weather Prognostic Chart）上，在加
州南部的天氣標示（weather symbol）代表什麼
（A）中度亂流，從地面到 18,000 英呎（B）頂
端達到 18,000 英呎的雷雨（C）晴空亂流下限
是 18,000 英呎

（B）119． （參閱 figure 6），在 24 小時顯著天氣預報圖
（Significant Weather Prognostic Chart）上，奧克
拉荷馬（Oklahoma）州東北部的結冰層高度是
多少？（A）4,000 英呎（B）8,000 英呎（C）
10,000 英呎

（B）120． （參閱 figure 6），飛行員如何善用顯著天氣預報
圖（Significant Weather Prognostic Chart）？（A）
用在所有高度上做綜合性的考量（B）用以決定
應當避讓之區域（結冰層及亂流）（C）用以分
析現有的鋒面活動及雲層之覆蓋面積

（A）121．（參閱 figure 6）位於西部伴隨著冷鋒的低壓預
測動向為（A）以 30 節的速度朝東移動（B）以
12 節的速度朝東北移動（C）以 30 節的速度朝
東南移動

（B）122．（參閱 figure 1）N45W170 之亂流強度為何？
（A）輕度亂流（B）中度亂流（C）強烈亂流

（B）123．（參閱 figure 1）N45W170 噴射氣流狀況為何？
（A）於 FL280 有噴射氣流強度 100kts（B）於
FL370 有噴射氣流強度 110kts（C）於 FL360 有
噴射氣流強度 100kts

（B）124．（參閱 figure 1）HIGH LEVEL SIGWX CHART
預報有效時間為何？（A)2010 年 5 月 06 日 00Z
世界標準時（B）2010 年 5 月 07 日 00Z 世界標
準時（C）2010 年 5 月 06 日 00 台北地方時

（C）125．（參閱 figure 1）N15E140 之標記？（A）
Turbulence level FL500(B)CIELING level FL500
（C）tropopause level FL500

（B）126．（參閱 figure 1）之圖表有效高度為？（A)FL250
以下（B）FL250-FL650（C）以上皆是

（B）127．（參閱 figure 1）N30E140 之 CB 雲頂高為何？
（A）FL 250（B）FL430（C）由地表海平面至
FL320

（B）128．（參閱 figure 1）於 N42W125 之標記所指為何？
（A)輕度 C.A.T.(B)中度 C.A.T.(C)強度 C.A.T.

（C）129‧（參閱 figure 1）S10E110 之雲頂高為？（A）FL250（B）SEA level-FL320（C）FL530

（B）130‧（參閱 figure 1)於 N40W130 之標記為何意義？（A）亂流層高 FL360（B）FL350 之噴射氣流強度 100kts（C）雲系之移動方向

（A）131‧（參閱 figure 1）請問於本圖中是否可以找到輕度亂流的資料？（A）無輕度亂流之標示（B）N40E164 之亂流為輕度亂流（C）以上皆非

（B）132‧（參閱 figure 1）S25E160 標記之亂流高度為何？（A）FL250-FL450（B）FL350-FL470（C）FL250-FL500（D）以上皆非

（B）133‧（參閱 figure 2），請問 200hPa 之標準海平面氣壓高度為何？（A）FL350（B）FL390（C）FL200

（A）134‧（參閱 figure B）對流層頂之高度為何？（A）30,000 呎（B）40,000 呎（C）50,000 呎

（C）135‧（參閱 figure C）符號所示為何？（A）地區性低壓其高度 27,000 呎（B）地區性結冰層其高度 27,000 呎(C)該處對流層頂高度為 27,000 呎(D)對流層頂高度最高 27,000 呎

（B）136‧（參閱 figure D）顯示對流層頂之高度為何？（A）30,000 呎（B）40,000 呎（C）50,000 呎

（C）137‧（參閱 figure E）符號所示為何？（A）地區性高壓其高度 43,000 呎（B）地區性結冰層其高度

43,000 呎(C)該處對流層頂高度為 43,000 呎（D）
對流層頂高度最高 43,000 呎

（B）138‧（參閱 figure L）符號所示之積冰程度為何？
（A）輕度積冰（B）中度積冰（C）重度積冰

（B）139‧（參閱 figure N）符號所示之亂流程度為何？
（A）輕度亂流（B）中度亂流（C）強烈亂流

（C）140‧（參閱 figure O）符號所示之亂流程度為何？
（A）輕度亂流（B）中度亂流（C）強烈亂流

（B）141‧（參閱 figure G）符號所示之雲底高度為何？
（A）38,000 呎（B）27,000 呎（C）未知

（C）142‧（參閱 figure H）符號所示之雲底高度為何？
（A）38,000 呎（B）27,000 呎（C）未知

（A）143‧（參閱 figure G）符號所示之雲頂高度為何？
（A）38,000 呎（B）27,000 呎（C）未知

（B）144‧（參閱 figure I)符號所示之雲底高度為何？（A）
38,000 呎（B）28,000 呎（C）未知

（C）145‧（參閱 figure K）符號所示之積冰程度為何？
（A）輕度積冰（B）中度積冰（C）重度積冰

（B）146‧（參閱 figure P）'高空風如下圖表示風速多少？
（A）110Kts（B）115Kts（C）25Kts

（B）147‧（參閱 figure Q）高空預測圖中如圖之數字係代
表：（A）風速（B）溫度（C）高度（D）高空
雲量

（B）148．（參閱 figure 3）依據所提供之 SIGNIFICANT WEATHER PROGNOSTIC CHART，自 RCTP 飛往 ZSQD 將遭遇到：（A）中度積冰（B）中度亂流（C）重度積冰（D）強烈亂流

（D）149．（參閱 ffigure 3），ROAH 上空雲層之狀況為何：（A）240-360 hPa 之間（B）240-360 毫米之間（C）從 10,000 公尺-25,000 公尺之間（D）10,000-25,000 英尺之間

（C）150．（參閱 figure 3）之有效時間，降落 ZGGG，將遭遇到 ISOL CB 意謂：（A）CB 呈線狀排列（B）CB 滿佈所標示之全區（C）CB 呈孤立狀（D）CB 在減弱中

（C）151．（參閱 figure 4），所提供之 300 hPa PROGNOSTIC CHART，此圖氣象與何一高度最為接近：（A）40,000 英尺（B）35,000 英尺（C）30,000 英尺（D）25,000 英尺

（B）152．（參閱 figure 4），所提供之 300 hPa PROGNOSTIC CHART，請以內插法，推算 RCTP 之高空資料應為：（A）風速 45KT，溫度 -30°F（B）風速 45KT，溫度-30℃（C）風速 95KT，溫度-30°F（D）風速 95KT，溫度-30℃

WINTEM PROGNOSTIC CHART
ISSUED BY TAIPEI AERONAUTICAL MET. CNTR
VALID ON   241200UTC MAY 2010
BASE ON   240000UTC MAY 2010
FORECAST VALUE APPLY TO CENTRE POINT OF
5 DEGREES SQUARE OF SUPERIMPOSED GRID

DATA PRESENTATION
FL ddd ff TT
FL : FLIGHT LEVEL
ddd : WIND DIRECTION (DEGREES)
ff : WIND SPEED (KNOTS)
TT : TEMPERATURE (DEGREES CENTIGRADE)

	105E–110E	110E–115E	115E–120E	120E–125E
45N			39 330/35, -54 / 33 330/45, -48 / 29 340/50, -40 / 24 350/50, -26 / 18 360/40, -13 / 10 020/15, 1	39 040/05, -54 / 33 040/10, -47 / 29 020/10, -35 / 24 050/25, -24 / 18 010/35, -14 / 10 030/45, -1
40N ZBAA	39 290/45, -60 / 33 300/35, -45 / 29 290/35, -34 / 24 290/35, -20 / 18 260/20, -7 / 10 150/25, 11	39 290/50, -60 / 33 320/60, -46 / 29 310/55, -35 / 24 310/45, -22 / 18 330/35, -9 / 10 290/15, 8	39 320/65, -54 / 33 330/75, -46 / 29 330/75, -37 / 24 320/50, -25 / 18 330/45, -11 / 10 330/35, 1	39 310/40, -50 / 33 320/35, -46 / 29 320/25, -38 / 24 320/30, -24 / 18 330/40, -12 / 10 340/35, 0
35N ZHHH	39 290/80, -55 / 33 310/45, -41 / 29 290/30, -32 / 24 290/20, -19 / 18 260/20, -5 / 10 150/15, 11	39 300/55, -56 / 33 290/40, -44 / 29 300/35, -33 / 24 310/25, -20 / 18 320/20, -4 / 10 360/05, 8	39 300/70, -56 / 33 300/60, -44 / 29 310/55, -34 / 24 310/50, -21 / 18 330/40, -7 / 10 300/25, 6	39 280/70, -54 / 33 290/70, -45 / 29 300/70, -35 / 24 300/60, -22 / 18 310/45, -8 / ZSSS 10 290/40, 3
30N ZGKL	39 290/80, -51 / 33 280/60, -36 / 29 290/45, -27 / 24 280/30, -16 / 18 250/10, -3 / 10 120/05, 13	39 300/100, -51 / 33 290/70, -38 / 29 290/30, -30 / 24 280/25, -18 / 18 300/10, -3 / 10 030/10, 10	39 290/70, -53 / 33 280/45, -43 / 29 290/40, -32 / 24 300/35, -19 / 18 300/25, -3 / 10 040/15, 10	39 270/70, -52 / 33 270/65, -42 / 29 290/50, -32 / 24 300/45, -19 / 18 310/35, -5 / 10 360/15, 8
25N RCSS / RCTP	39 290/30, -51 / 33 290/30, -34 / 29 280/20, -24 / 24 300/20, -13 / 18 290/10, -2 / 10 070/10, 13	39 280/35, -50 / 33 310/40, -35 / 29 290/40, -24 / 24 300/25, -13 / 18 260/10, -2 / 10 090/05, 13	39 280/50, -49 / 33 300/55, -35 / 29 280/45, -24 / 24 280/20, -15 / 18 300/10, -2 / 10 230/05, 12	39 270/50, -51 / 33 280/45, -35 / 29 280/40, -25 / 24 270/20, -14 / 18 300/15, -3 / 10 240/20, 10 ZSAM / RCKH
20N	39 190/05, -51 / 33 010/10, -34 / 29 010/10, -24 / 24 330/10, -14 / 18 290/15, -2 / 10 270/10, 13	39 290/05, -50 / 33 350/20, -34 / 29 340/20, -24 / 24 300/10, -14 / 18 260/15, -3 / 10 230/10, 13	39 350/10, -51 / 33 350/20, -34 / 29 340/20, -24 / 24 290/20, -14 / 18 250/20, -4 / 10 250/15, 12	39 320/15, -51 / 33 310/15, -35 / 29 330/05, -25 / 24 270/10, -14 / 18 280/15, -3 / 10 240/15, 11

15N — 105E — 110E — 115E — 120E — 125E

A24_CHART6

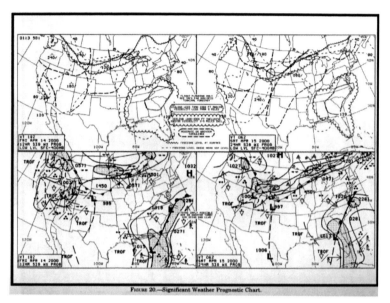

FIGURE 20.—Significant Weather Prognostic Chart.

A24_FIG6

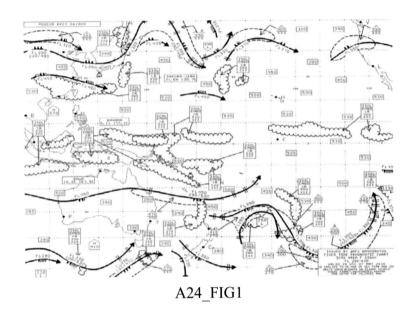

A24_FIG1

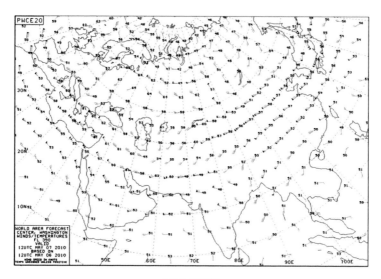

A24_FIG2

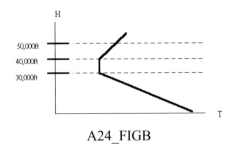

A24_FIGB

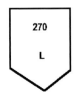

A24_FIGC

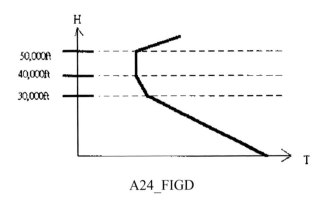

A24_FIGD

A24_FIGE

A24_FIGL

A24_FIGEN

A24_FIGO

ISOL 380

CB 270

A24_FIGG

ISOL 380
CB XXX

A24_FIGH

ISOL 380
CB 270

A24_FIGG

ISOL XXX
CB 280

A24_FIGI

A24_FIGK

A24_FIGP

㉚

A24_FIGQ

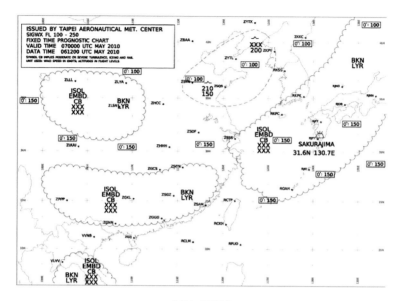

A24_FIG3

航空氣象學試題與解析（增訂九版）

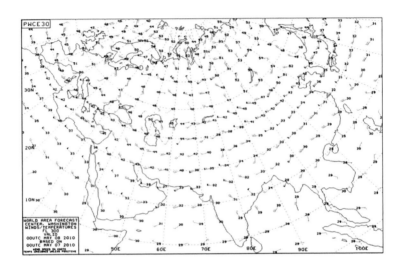

A24_FIG4

402

民航特考 3　PD0051

航空氣象學試題與解析（增訂九版）

編 著 者 / 蒲金標
責任編輯 / 杜國維
圖文排版 / 楊家齊
封面設計 / 王嵩賀

發 行 人 / 宋政坤
法律顧問 / 毛國樑　律師
出版發行 / 秀威資訊科技股份有限公司
　　　　　114 台北市內湖區瑞光路 76 巷 65 號 1 樓
　　　　　電話：+886-2-2796-3638　傳真：+886-2-2796-1377
　　　　　http://www.showwe.com.tw
劃撥帳號 / 19563868　戶名：秀威資訊科技股份有限公司
　　　　　讀者服務信箱：service@showwe.com.tw
展售門市 / 國家書店（松江門市）
　　　　　104 台北市中山區松江路 209 號 1 樓
　　　　　電話：+886-2-2518-0207　傳真：+886-2-2518-0778
網路訂購 / 秀威網路書店：http://www.bodbooks.com.tw
　　　　　國家網路書店：http://www.govbooks.com.tw

2016 年 12 月 BOD 九版
定價：500 元

國家圖書館出版品預行編目

航空氣象學試題與解析(增訂九版) / 蒲金標編著.
　-- 九版. -- 臺北市 : 秀威資訊科技, 2016.12
　　面 ；　公分. -- (民航特考 ; PD0051)
BOD 版
ISBN 978-986-326-397-5(平裝)

　1.航空氣象

447.56　　　　　　　　　　　　　　105021354

讀 者 回 函 卡

感謝您購買本書，為提升服務品質，請填妥以下資料，將讀者回函卡直接寄回或傳真本公司，收到您的寶貴意見後，我們會收藏記錄及檢討，謝謝！
如您需要了解本公司最新出版書目、購書優惠或企劃活動，歡迎您上網查詢或下載相關資料：http:// www.showwe.com.tw

您購買的書名：_____

出生日期：_____年_____月_____日

學歷：□高中 (含) 以下　　□大專　　□研究所 (含) 以上

職業：□製造業　□金融業　□資訊業　□軍警　□傳播業　□自由業
　　　□服務業　□公務員　□教職　　□學生　□家管　　□其它_____

購書地點：□網路書店　□實體書店　□書展　□郵購　□贈閱　□其他

您從何得知本書的消息？

　□網路書店　□實體書店　□網路搜尋　□電子報　□書訊　□雜誌
　□傳播媒體　□親友推薦　□網站推薦　□部落格　□其他_____

您對本書的評價：（請填代號　1.非常滿意　2.滿意　3.尚可　4.再改進）

　封面設計____　版面編排____　內容____　文／譯筆____　價格____

讀完書後您覺得：

　□很有收穫　□有收穫　□收穫不多　□沒收穫

對我們的建議：_____

_____

_____

_____

11466
台北市內湖區瑞光路 76 巷 65 號 1 樓

秀威資訊科技股份有限公司　　　收

BOD 數位出版事業部

....

（請沿線對折寄回，謝謝！）

姓　　名：＿＿＿＿＿＿＿＿＿　年齡：＿＿＿＿　性別：□女　□男

郵遞區號：□□□□□

地　　址：＿＿＿＿＿＿＿＿＿＿＿＿＿＿＿＿＿＿＿＿＿＿＿

聯絡電話：(日) ＿＿＿＿＿＿＿＿＿＿　(夜) ＿＿＿＿＿＿＿＿＿＿

E-mail：＿＿＿＿＿＿＿＿＿＿＿＿＿＿＿＿＿＿＿＿＿＿